NATIONALPARK BERCHTESGADEN

Blick auf den Nationalpark Berchtesgaden
In Bildmitte unter der Nebeldecke der Königssee, darüber das Steinerne Meer mit Schönfeldspitze (2653 m) und Hundstod (2593 m), rechts davon Watzmann (2713 m), Hochkalter (2606 m) und Reiteralmgruppe (2286 m).

Forschungsberichte

Gerhard Enders
Theoretische Topoklimatologie

NATIONALPARK BERCHTESGADEN

Gerhard Enders
Theoretische Topoklimatologie

Die Arbeit wurde unter dem Titel »Topoklimatologie 'Alpenpark Königssee' – Modell einer theoretischen Standortsuntersuchung« vom Fachbereich Physik der Ludwig-Maximilians-Universität München als Dissertation angenommen. Anhang und Foto wurden nachträglich hinzugefügt.

Aus den Arbeiten der Lehrstuhls für Bioklimatologie und Angewandte Meteorologie

Impressum

Nationalpark Berchtesgaden
Forschungsberichte 1 / 1979
Herausgeber
Nationalparkverwaltung Berchtesgaden
im Auftrag des Bayerischen Staatsministeriums
für Landesentwicklung und Umweltfragen
Alle Rechte vorbehalten
Bestellungen an Nationalparkverwaltung Berchtesgaden
        Im Tal 34
        8243 Ramsau

Bildnachweis
Foto. K. Wagner, Nationalparkverwaltung Berchtesgaden
Darstellungen: W. Hirner, Forstliche Forschungsanstalt München

Druck
Verlag Anton Plenk KG, Berchtesgaden

ISSN 0172-0023
ISBN 3-922325-00-9

Vorwort

Leitgedanke für die Gründung von Nationalparken war es schon immer, einzelne Bereiche dieser Welt den menschlichen Einflüssen zu entziehen, um auch späteren Generationen das Erlebnis ursprünglicher Natur zu sichern. Diese Bereiche sollten ein Refugium sein für natürliche Lebensgemeinschaften, für einen möglichst artenreichen heimischen Tier- und Pflanzenbestand.

Die noch weitgehend unberührte Natur eignet sich im besonderen Maße, Zusammenhänge im natürlichen Geschehen zu beobachten und zu erforschen. Dem menschlichen Drang nach Erkennen der natürlichen Umwelt, deren Teil er ist, ist damit ein mannigfaltiges Betätigungsfeld gegeben; kennen wir doch bei allem technischen Fortschritt unserer Zeit nur einen Bruchteil der Naturgesetze.

Damit sind die wichtigsten Aufgaben eines Nationalparks angesprochen, nämlich die Natur zu schützen und zu erforschen sowie der Bevölkerung zu Erholungszwecken zugänglich zu machen, soweit es der Schutzzweck erlaubt. Das sind auch die Aufgaben, die dem durch Verordnung der Bayerischen Staatsregierung mit Zustimmung des Bayerischen Landtags am 1. August 1978 ins Leben gerufenen Nationalpark Berchtesgaden obliegen.

Im Rahmen der Erforschung des Nationalparks Berchtesgaden ist es gelungen, die Unterstützung von namhaften Wissenschaftlern und Forschungsinstituten zu erhalten. Mit der vorliegenden klimatologischen Arbeit wird die Schriftenreihe »Forschungsberichte« eröffnet. In ihr sollen in zwangloser Folge die Ergebnisse bereits laufender und weiterer Untersuchungen im Alpenpark und Nationalpark Berchtesgaden interessierten Lesern vorgestellt werden.

Der Autor, dessen Arbeit als Dissertation vom Fachbereich Physik der Universität München angenommen wurde, versucht in dem 1. Forschungsbericht klimatologische Daten flächenbezogen darzustellen. Ich danke ihm für seine Arbeit und hoffe, daß diese Schrift wie auch die folgenden der Schriftenreihe eine gute Aufnahme finden möchten.

München, im Mai 1979

(Alfred Dick)
Staatsminister

INHALTSVERZEICHNIS

	Seite
1. Einleitung, Ziel und Zweck der Arbeit	9
2. Lage und Beschreibung des Untersuchungsgebietes	10
3. Parametrisierung	12
3.1 Informationsraster	12
3.2 Topographische Faktoren	13
3.2.1 Höhe über NN (z)	13
3.2.2 Hangrichtung (a_H)	14
3.2.3 Hangneigung (n)	14
3.3 Oberflächenbedeckung	15
3.4 Kartographische Darstellung	16
3.4.1 Hangneigung	19
3.4.2 Hangrichtung	19
3.4.3 Oberfläche	19
3.4.4 Höhe	19
4. Sonnenstrahlung	22
4.1 – extraterrestrisch, ohne Abschattung	22
4.1.1 Berechnungsmethode	23
4.1.2 Verwendete Daten; Ergebnisse	24
4.2 – extraterrestrisch, mit Abschattung	24
4.2.1 Strahlungsgeometrie; Horizontprofil und Horizontüberhöhung	26
4.2.2 Beschattungszeitpunkte	28
4.3 – in wolkenfreier Atmosphäre	29
4.3.1 Transmissionsfaktor	31
4.3.2 Ausgangsdaten und Regression	31
4.3.3 Anwendung auf Tages- und Jahresmittel	32
5. Potentielle Besonnungszeiten	35
5.1 Licht und Schatten	35
5.2 Sonnenscheindauer	35
6. Lufttemperatur	37
7. Wind, Durchlüftung	41
7.1 Besonnung und lokale Windsysteme	41
7.2 Potentieller Kalteinfluß	43
7.3 Mittlere Windrichtung	45

		Seite

8. Niederschlag (P) — 47
8.1 Höhenabhängigkeit — 48
- 8.1.1 Ausgangsdaten — 48
- 8.1.2 Höhenfunktion — 48
8.2 Isohyeten — 51
8.3 Gebietsniederschlag — 51

9. Wasserbilanz einzelner Flußgebiete — 53
9.1 Hydrogeologische Abgrenzung — 53
- 9.1.1 Südteil des Alpenparks — 53
- 9.1.2 Nordteil des Alpenparks — 55
9.2 Bilanzen für Ilsank und Schwöbbrücke — 55
9.3 Bilanzen für Stanggaß und Schellenberg — 55

10. Verdunstung (E) — 58
10.1 Potentielle Evapotranspiration — 58
10.2 Einfluß des Reliefs — 59
10.3 Einfluß der Vegetation — 61
- 10.3.1 Verdunstung natürlicher Oberflächen (Literaturübersicht) — 61
- 10.3.2 Relative Verdunstung — 63
10.4 Reale Verdunstung — 63
- 10.4.1 Kritik der Maximalwerte — 65
- 10.4.2 Berechnete Gebietsverdunstung — 66
- 10.4.3 »Projizierte« Verdunstungshöhe — 68

11. Abfluß (D) — 68
12. Beeinflussung der Wasserbilanz durch Landnutzung — 68
13. Potentielle Produktivität — 70
13.1 Summen und Flächenmittel — 71
13.2 Flächenverteilung — 72

14. Überprüfung der theoretischen Topoklimatologie durch künftige Freilandmessung — 74
15. Bibliographie — 76
16. Verzeichnis häufig verwendeter Symbole — 80
Anhang — 81

Zusammenfassung

Die Topoklimatologie beschäftigt sich mit Beziehungen zwischen Topographie und Lokalklima. Dazu erforderliche Freilanduntersuchungen lassen sich nicht immer im nötigen Umfang realisieren. Die theoretische Topoklimatologie, Gegenstand dieser Arbeit, kann den Meßaufwand verringern helfen: Einige wenige Meßdaten liefern funktionelle und statistische Zusammenhänge zwischen topographischen und klimatischen Parametern, die anschließend zur Kartierung des Lokalklimas benutzt werden.

Am Beispiel des »Alpenpark Königssee«, der wegen Reliefunterschieden von mehr als 2000 m ausgeprägte topoklimatische Gegensätze aufweist, werden die Möglichkeiten einer theoretischen Standortskartierung studiert. In einem Raster (200 m · 200 m) werden Höhe, Hangneigung, Hangrichtung und Vegetationsdecke parametrisiert. Astronomische Beziehungen und berechnete Horizontüberhöhung gestatten für beliebige Zeitpunkte oder Perioden die Kartierung der extraterrestrischen Hangbestrahlung, des Wechsels von Besonnung und Schatten sowie der effektiv möglichen Sonnenscheindauer. Meßwertgestützte Regressionen berücksichtigen den Einfluß einer wolkenfreien Atmosphäre. Allein mit der Variation der Seehöhe lassen sich 97 % der beobachteten Unterschiede langjähriger Jahresmittel der Lufttemperatur erklären; der durchschnittliche Temperaturgradient beträgt 0.47°C/100 m.

Dagegen ist die Beschreibung des lokalen Windfeldes aus Einzelmessungen nicht herzuleiten. Teilaspekte jedoch wie der nächtliche Kaltluftfluß sind einer Bearbeitung zugänglich: Ein einfaches Modell berechnet Richtung und relative Masse dieses bedeutenden klimatischen Standortfaktors als Funktion des Reliefs. Möglichkeiten einer Verbesserung des Modells werden angesprochen.

Im zweiten Hauptteil der Arbeit werden hydrologische Größen behandelt. Jeder Gitterpunkt erhält über eine Regression zunächst einen Niederschlagswert P als Funktion der Höhe. Für definierte Flußeinzugsgebiete werden die Gebietsmittel $\overline{P}$ berechnet, die über gemessene Abflüsse $\overline{D}$ Flächenmittel der Evapotranspiration $\overline{E}$ liefern. $\overline{D}$ und $\overline{E}$ werden sodann wieder auf die Gitterpunkte aufgeteilt: Die Formel von THORNTHWAITE liefert im Vergleich zu $\overline{E}$ zunächst zu geringe Verdunstungswerte. Eine wesentliche Verbesserung erzielt man durch Relieffaktoren, die die Größe der tatsächlichen Oberfläche der Einzugsgebiete berücksichtigen. Numerisch werden die Einflüsse unterschiedlicher Vegetationsdecken bestimmt, die einen weiteren Angleich der integrierten punktuellen Verdunstungshöhen an $\overline{P} - \overline{D}$ gestatten. Demnach verdunstet Wald im Alpenpark 1.43 mal mehr als Grünlandflächen. Einzelpunkte erhalten rechnerisch enorme Verdunstungsspitzen von jährlich 850 mm. Ob solche Maxima energetisch möglich sind, wird diskutiert, Fehlerquellen bei der Berechnung der hydrologischen Größen werden angesprochen. Die Differenz der Punktwerte P - E führt zur Kartierung auch des Abflusses D.

Anhand der unterschiedlichen Verdunstungswerte der einzelnen Vegetationsdecken läßt sich weiter die Beeinflussung der Wasserbilanz durch geänderte Landnutzung studieren.

In einem Beispiel für die Anwendung theoretischer Standortsuntersuchungen wird die pflanzliche Stoffproduktion als Funktion von Klimaparametern berechnet. Für die Waldgebiete der Tallagen erhält man dieselbe Trockensubstanzproduktion, wie sie im Alpenvorland im Ebersberger Forst gemessen wurde.

Zum Schluß werden Vorschläge für Meßstellen und deren Zielsetzung bzw. Gerätebestückung für den Alpenpark vorgelegt.

1. Einleitung, Ziel und Zweck der Arbeit

Standortsuntersuchungen, ob kleinräumig für die Errichtung eines Kraftwerkes, für die Trassenführung von Verkehrswegen sowie zur Anlage landwirtschaftlicher Kulturen oder in größerem Maßstab für die Landes- und Regionalplanung werden heute nicht nur nach politischen oder wirtschaftlichen Gesichtspunkten vorgenommen. Mit dem verstärkten Bewußtsein für die ökologischen Zusammenhänge wächst auch die Forderung nach einer weitgehenden Quantifizierung der physikalischen, darunter auch der atmosphärischen Umweltbedingungen. Wurden bisher vielfach Mittelwerte von Temperatur und Niederschlag als ausreichend für die klimatische Charakterisierung betrachtet, so erwartet man jetzt differenzierte Aussagen über Größe und Verteilung primärer und komplexer Klimafaktoren. Die dazu benötigten Werte liefert im allgemeinen die Freilandmessung. Die Kürze der Planungsphase einzelner Projekte erlaubt es aber oft nicht, die notwendigen langjährigen Beobachtungen durchzuführen. Andererseits liegen die bereits im Routinebetrieb der amtlichen Meßnetze erhobenen Daten nicht immer in ausreichender Dichte vor, um daraus ohne weiteres die klimatischen Eigenheiten von Teilgebieten zu ersehen.

Da aber vielgestaltige und gesetzmäßige Zusammenhänge zwischen der Topographie eines Standorts und seinem Lokalklima bestehen, lassen sich manche seiner Parameter bereits bei genügender Kenntnis des Reliefs, der Höhe, der Bodenbedeckung usw. über Korrelationen näherungsweise bestimmen. Mit diesen Beziehungen beschäftigt sich - als Teilbereich der Allgemeinen Klimatologie - die Gelände- oder Topoklimatologie, deren Aufgabe darin liegt, durch Messungen im Gelände diese Grundlagen zu vertiefen und ihre Anwendung in der Praxis zu ermöglichen.

Der Begriff »Topoklima« wurde wohl erstmalig von THORNTHWAITE (1953) verwendet. Damit ist eine gedankliche Assoziation zur »Topographie« betont. Diese beinhaltet mehr als nur die Beschreibung des Geländes mit Relief und Exposition, da zusätzlich auch die Oberflächenstruktur durch Besiedlung und Bewuchs berücksichtigt wird. Die Arbeitsrichtung der Topoklimatologie, synonym werden Begriffe wie »Lokalklimatologie« oder »klimatologische Standortserkundung und -beurteilung« gebraucht, kann in Deutschland und vor allem in München bereits auf eine verhältnismäßig lange Tradition blicken. Das ist dort auf die enge räumliche und personelle Verflechtung von meteorologischen und forstwissenschaftlichen Lehrstühlen zurückzuführen, durch die eine besondere Verpflichtung zur Erforschung der Wechselwirkungen von Klima und speziell forstlichen Standorten erwuchs, die darüber hinaus aber auch ganz allgemein im Interessenbereich der angewandten Meteorologie liegt. Bereits 1927 erschien GEIGER's Grundlagenwerk »Das Klima der bodennahen Luftschicht«, das zu einem Teil auf seinen lokalklimatischen Freilanduntersuchungen aufbaut und jetzt schon in der 4. Auflage vorliegt. Vierzig Jahre später bildet seine Veröffentlichung »Topoclimates« einen wichtigen Bestandteil in einer Gesamtdarstellung der Allgemeinen Klimatologie (Hrsg.: FLOHN 1969). BAUMGARTNER hat am Institut für Meteorologie der Forstlichen Forschungsanstalt und am Lehrstuhl für Bioklimatologie und Angewandte Meteorologie diese Zielrichtung beibehalten, was Freilandmessungen und die Erarbeitung von Methoden zur Kartierung klimatischer Standortsunterschiede betrifft. Als Beispiel mögen systematische Untersuchungen zum Topoklima des Gr. Falkenstein (Bayer. Wald) gelten, die nach einer experimentellen Erfassung von Standortsfaktoren wie Luft- und Bodentemperatur, Besonnung, Regen- und Nebelniederschlag, Schnee unter Heranziehung phänologischer Beobachtungen die Klärung von Beziehungen zur Topographie und anschließend die Umsetzung der Ergebnisse in Karten ermöglichten (1956; 1958 a, b; 1960 a, b; 1961; 1962). Im Werk »Frostschutz im Pflanzenbau« (Hrsg.: SCHNELLE 1965) gab er einen Abriß der Geländeeinflüsse.

Eine grundsätzliche Darstellung von Wesen und Methodik der Klimaaufnahme durch den »Gelände«klimatologen bildet eine Veröffentlichung von KNOCH (1963), die neben Modellen zahlreiche Literaturangaben enthält. Die wohl umfangreichste Literatursammlung gaben MacHATTIE und SCHNELLE (1974) heraus. Sie erschien zwar speziell zu Problemen der Agrotopoklimatologie, enthält aber bei etwa 1000 Literaturangaben auch viele für Fragen einer allgemeinen Topoklimatologie relevante Arbeiten, so daß hier auch nicht weiter auf die früheren Arbeiten eingegangen werden muß.

Die Theoretische Topoklimatologie, Gegenstand der vorliegenden Untersuchung, ist nun bestrebt, den Meßaufwand im Gelände zu reduzieren. Dazu können einmal Größe und Verteilung bestimmter Parameter - ohne jede meteorologische Messung im untersuchten Gebiet selbst - aufgrund bereits formulierter Gleichungen berechnet werden, ein Beispiel dafür ist die Strahlungsgeometrie der direkten Besonnung. Zum anderen aber wird versucht, mit Hilfe einiger an wenigen diskreten Geländepunkten gemessenen Werte empirische Funktionen aufzustellen und damit die statistische Raum-Zeit-Verteilung von Klimafaktoren zu beschreiben.

Je stärker die Reliefunterschiede innerhalb eines Gebietes sind, desto deutlicher treten klimatische Gegensätze auf kleinstem Raum hervor. Insoweit bieten sich Standorte im Gebirge zur Entwicklung und zur Überprüfung derartiger Modellrechnungen besonders an. Daneben sind noch andere Faktoren zu bewerten: Eine räumliche Geschlossenheit des Testgebietes zur Erleichterung der hydrologischen Abgrenzung, ein bestehendes - wenn auch weitmaschiges - klimatologisches Meßnetz zum »Einhängen« der Regressionsbeziehungen sowie geringe Besiedlungsdichte, da größere zusammenhängende Bebauungsgebiete noch Schwierigkeiten in der Parametrisierung bereiten.

Ausschlaggebend für die Wahl des Gebietes um den Königssee als Untersuchungsraum war nicht zuletzt der Beschluß des Bayerischen Landtages vom 13. Juli 1972, die Staatsregierung zu ersuchen, einen »Bayerischen Alpenpark« im Naturschutzgebiet Königssee zu planen. Diese Maßnahme bot den Anreiz und die Möglichkeit, mit einer klimatischen Standortsbeurteilung bereits in einem frühen Stadium Planungs- und Entscheidungshilfen für die Ausstattung und Entwicklung eines solchen Nationalparks bereitzustellen.

2. Lage und Beschreibung des Untersuchungsgebietes

Das Untersuchungsgebiet umfaßt den südlichen Teil des Landkreises »Berchtesgadener Land« im äußersten Südosten Bayerns mit einer Fläche von etwa 470 km². Die Begrenzung bildet überwiegend die Landesgrenze zu Österreich mit einer Ausnahme im Norden, wo die Bundesstraßen 20 und 21 zwischen Melleck und Bad Reichenhall bis hinter Bayer. Gmain den Alpenpark abschließen (Abb.1).

Da die gesamte Region unterschiedlichen und gleichzeitig konkurrierenden Ansprüchen genügen soll - Naturschutz, Naherholung und Fremdenverkehrsförderung - ist sie in drei Zonen gegliedert: Die »Kernzone« mit dem eigentlichen Nationalpark, die »Erholungszone« für Zwecke der Naherholung sowie die »Erschließungszone« für den Ausbau der Infrastruktur.

Für Fragen der Klimatologie bleibt jedoch diese Unterteilung unerheblich, so daß die vorliegende Untersuchung auf die gesamte Region ausgedehnt ist.

Eines der wesentlichen Merkmale des Alpenparks sind gewaltige Höhenunterschiede auf engstem Raum. So bildet die Watzmann-Ostwand mit 2000 m

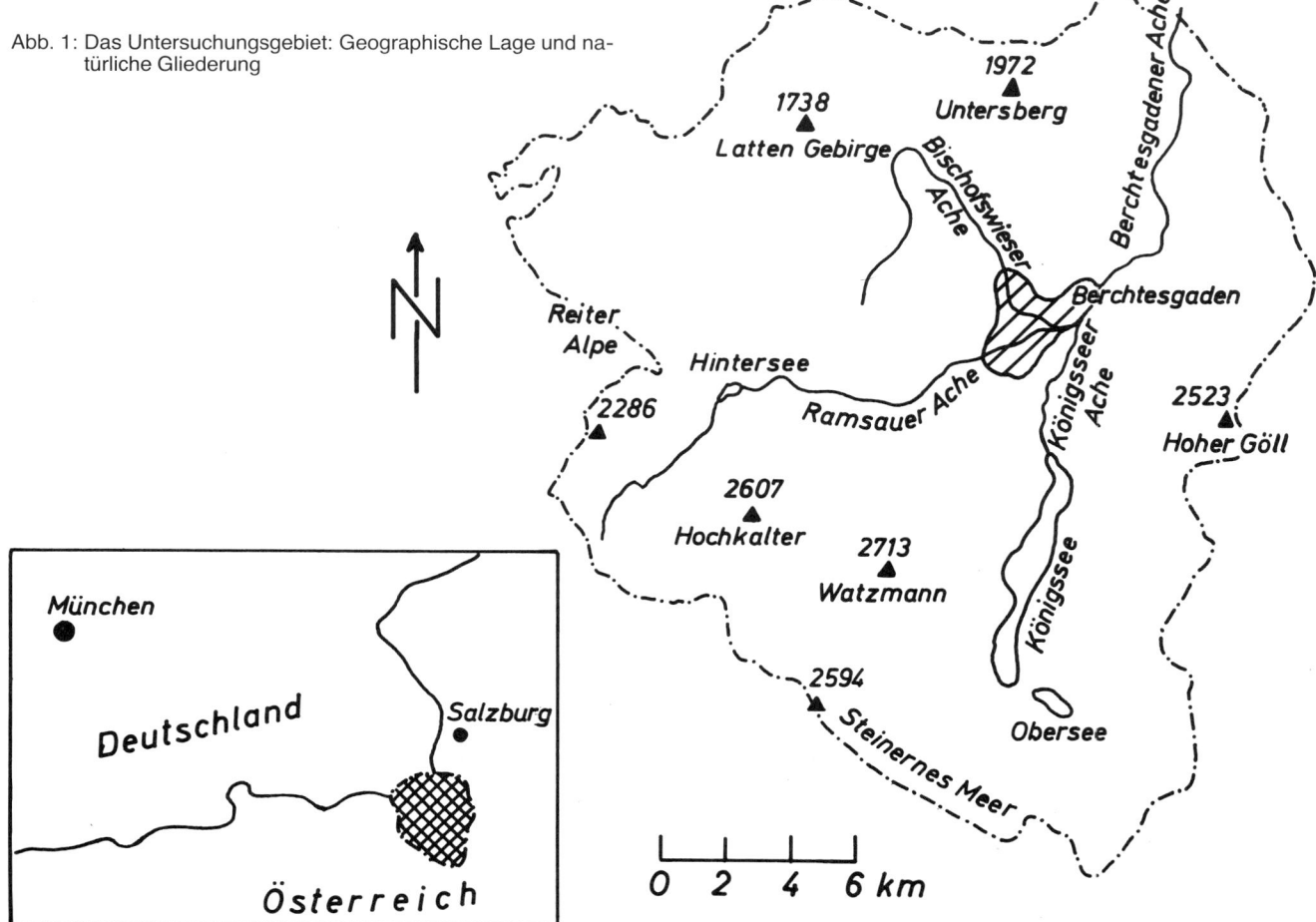

Abb. 1: Das Untersuchungsgebiet: Geographische Lage und natürliche Gliederung

Höhe die größte reine Felswand im gesamten Alpenraum. Der Watzmann-Gipfel (2713 m) liegt nur etwa 3500 m Luftlinie vom Königssee (602 m) entfernt. Neben der Watzmanngruppe gibt es eine Reihe weiterer Gebirgsstöcke: Lattengebirge (Karkopf 1738 m), Untersberg (Berchtesgadener Hochthron 1972 m), Reiteralpe (Stadelhorn 2286 m), getrennt durch das durchschnittlich nur 650 m hoch gelegene Tal der Ramsauer bzw. Berchtesgadener Ache von Hochkalter (2607 m), Göllmassiv (Hoher Göll 2523 m) und Steinernem Meer (Hundstod 2594 m).

Das geologische Ausgangsmaterial, überwiegend Dolomite und Kalke, hat meist zur Ausbildung von flachgründigen Humuskarbonatböden mit geringem Wasserspeichervermögen geführt. Der weitaus größte Anteil der Böden der Tallagen besteht aus dem Material der Moränen mit vorwiegend kiesig-sandiger und nur schwach lehmiger Verwitterung (GANSS,-; MEISTER, 1976).

Die Entwässerung wird hauptsächlich von Bischofswieser, Ramsauer und Königsseer Ache durchgeführt, die nach ihrem Zusammenfluß im Zentrum den Alpenpark als Berchtesgadener Ache verlassen. Die drei größten Seen, Königssee, Obersee und Hintersee, haben zusammen eine Ausdehnung von rund 6 km^2.

Neben kleineren Streusiedlungen wie Ramsau, Bischofswiesen, Markt Schellenberg u. a. ist nur ein zusammenhängendes Bebauungsgebiet von Bedeutung, die Gemeinde Berchtesgaden. Wald nimmt ungefähr die Hälfte des Gebietes ein, Latschenvegetation, Weideland und landwirtschaftlich genutzte Flächen machen zusammen nur etwa ein Fünftel der Oberfläche aus; der Rest ist nackter Boden, überwiegend Fels.

3. Parametrisierung

Größe und Struktur des Alpenparks einerseits, die Forderung nach detaillierter Darstellung der Klimaparameter andererseits und der damit zu erwartende Umfang der Berechnungen führen zwangsläufig zu der Entscheidung, alle anfallenden Rechenarbeiten über EDV abzuwickeln. Die Methoden bieten die Möglichkeit, diese Art von klimatologischer Untersuchung nachvollziehbar auch in anderen Regionen anzuwenden. Für sämtliche Berechnungen stand das IBM-System 370 des Bayerischen Staatsministeriums für Ernährung, Landwirtschaft und Forsten (ELF) zur Verfügung. Für die statistische Analyse von Verteilung und gegenseitigem Zusammenhang einzelner Parameter werden hauptsächlich Programme aus der BMD-Serie der University of California (DIXON, 1967) verwendet.

3.1 INFORMATIONSRASTER

Einzige Grundlage für die Erfassung der geomorphologischen Basisdaten bildet die topographische Karte im Maßstab 1:25 000, die von Inhalt und Auflösung her für großräumige topoklimatologische Untersuchungen als ausreichend angesehen wird.

Eingehängt in Gauß-Krüger-Koordinaten wird über die gesamte Fläche des Alpenparks ein quadratisches Raster gelegt. Durch die Wahl dieses Bezugssystems erleichtert man die mathematische Abwicklung der Koordinatenberechnung, für jeden Gitterpunkt ist eine eindeutige Lagebestimmung möglich. Die Gitterweite, die man wählt, bleibt vor allem eine Frage des verwendeten Kartenmaßstabes, die räumliche Auflösung ist somit grundsätzlich variabel.

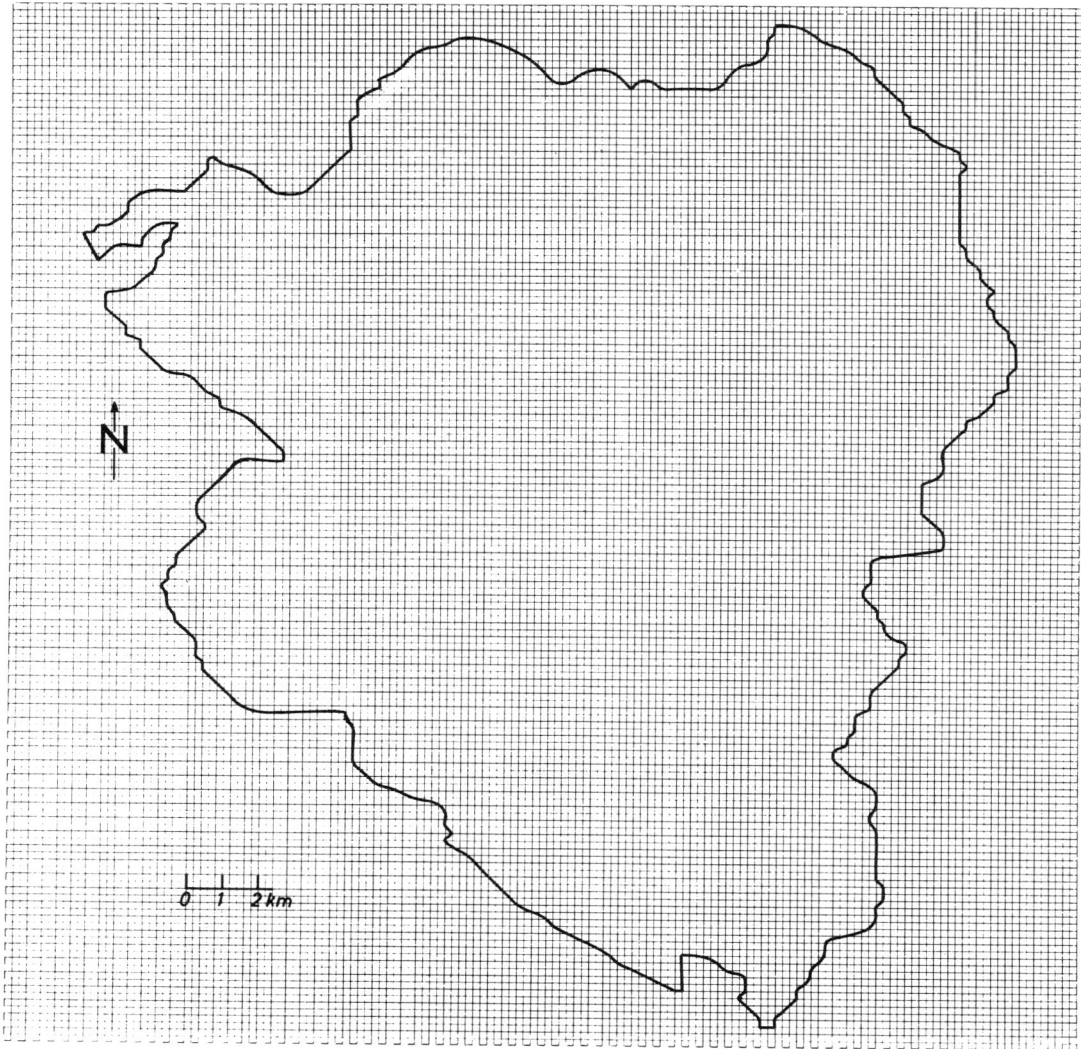

Abb. 2: Das Informtionsraster

Legt man eine Maschenweite von 200 m zugrunde, so werden zwar nicht alle, aber doch die wesentlichen Strukturen alpiner Landschaften erfaßt.

Abbildung 2 vermittelt einen Eindruck von der Flächendichte des Rasters. Der Alpenpark selbst wird aus insgesamt 11 720 Gitterpunkten gebildet, wobei jeder Punkt eine Fläche von 0,04 km^2 repräsentiert. Die einzelnen Parameter werden an den Schnittstellen des Rasters erfaßt.

3.2 TOPOGRAPHISCHE FAKTOREN

Die durch das Raster vorgegebene Matrix wird mit den Basisparametern Hangneigung, Hangazimut und Höhe über NN gefüllt, soweit sie innerhalb der Grenzen des Alpenparks liegen. Die Daten dieser Parameter liegen als Originalbestand auf Lochkarte.

Bei der Fülle der zu verarbeitenden Informationen muß aus Kostengründen an Rechenzeit gespart werden: Daher klassifiziert man einzelne Parameter und benutzt zu weiteren Berechnungen anschließend die Mittelwerte der gebildeten Klassen. Das bedeutet nur einen scheinbaren Verzicht auf Genauigkeit, beinhaltet aber keine grundsätzliche Einschränkung der angewandten Methoden, da jederzeit auf die Originaldaten zurückgegriffen werden könnte.

3.2.1 HÖHE ÜBER NN (z)

Die geringsten Schwierigkeiten bei der Erfassung der topographischen Parameter bereitet die Kodierung der Höhen über NN. In den Karten 1:25 000 beträgt der Abstand der Isohypsen im allgemeinen 20 m, in flacherem Gelände sind zusätzlich Isohypsen in 10 m, 5 m und bisweilen auch in 2,5 m Abstand eingezeichnet. Höhenangaben sind damit auf 10 m möglich.

Abweichend davon müssen extrem steile Felsgebiete ausgewertet werden, wo zum Teil nur mehr Isohypsen von 100 zu 100 m vorliegen oder aber die 20 m-Isolinien durch die Felsschraffen des Kartenbildes unterbrochen sind. Ein daraus resultierender möglicher Höhenfehler von etwa 50 m muß nicht überbewertet werden: Einmal sind die vertikalen Gradienten klimatischer Parameter nicht so groß, als daß solch relativ kleine Höhenunterschiede ins Gewicht fallen; zum anderen sind gerade diese Felsgebiete für den Benutzer und Anwender der Klimakarten, beispielsweise für forstliche Belange oder für Fragen der Regionalplanung, durch geringe Flächenausdehnung bezüglich ihrer Horizontalprojektion nur von untergeordnetem Interesse.

Höhenstufe (m)	Gitterpunkte	Prozent	Summe	Mittl. Höhe (m)
400- 499	38	0.3	0.3	483.3
500- 599	433	3.7	4.0	551.2
600- 699	1242	10.6	14.6	636.5
700- 799	949	8.1	22.7	742.1
800- 899	1062	9.1	31.8	841.7
900- 999	898	7.7	39.4	941.3
1000-1099	844	7.2	46.6	1040.1
1100-1199	795	6.8	53.4	1140.1
1200-1299	719	6.1	59.6	1239.7
1300-1399	644	5.5	65.1	1339.1
1400-1499	596	5.1	70.1	1437.4
1500-1599	630	5.4	75.5	1539.5
1600-1699	666	5.7	81.2	1638.7
1700-1799	488	4.2	85.4	1735.3
1800-1899	486	4.1	89.5	1833.5
1900-1999	358	3.1	92.6	1935.0
2000-2099	350	3.0	95.5	2033.4
2100-2199	242	2.1	97.6	2133.1
2200-2299	138	1.2	98.8	2228.9
2300-2399	69	0.6	99.4	2329.4
2400-2499	52	0.4	99.8	2424.4
2500-2599	14	0.1	99.9	2517.9
2600-2699	7	0.1	100.0	2607.1

Mittlere Höhe des Alpenparks 1216.2 m, Maximum 2630.0 m, Minimum 470.0 m

Tab. 1: Gliederung des Alpenparks nach der Seehöhe z

In Tabelle 1 ist die vorgefundene Höhenverteilung in Stufen von 100 zu 100 m aufgeschlüsselt. Demnach liegen etwa 60 % aller Gitterpunkte über einer Seehöhe von 1000 m, über 1500 m sind es noch 30 %. Rund 33 km^2 oder 7 % der Gesamtfläche liegen über 2000 m NN. Die mittlere Gebietshöhe beträgt 1216 m.

Das Minimum, zugleich der niedrigste reale Punkt im Gelände, wird dort angetroffen, wo die Berchtesgadener Ache den Alpenpark verläßt. Dagegen erfaßt das 200 m-Gitter nicht die größte vorkommende Erhebung (Watzmann-Gipfel 2713 m), sondern nur ein Maximum von 2630 m. Diese Tatsache ist eine konkrete Auswirkung der erwähnten kleinräumigen starken Reliefenergie einiger Geländeteile und der vorgenommenen Rasterung.

An einigen Stellen muß die Höhenmatrix über die ursprünglichen Grenzen hinaus erweitert werden, da für die Berechnung der Abschattung der direkten Sonnenstrahlung (vgl. Kap. 4.2.1) alle für den Alpenpark effektiv wirksamen Horizontüberhöhungen festzustellen sind. Diese Ausdehnung betrifft nur kleinere Flächen, da der Großteil der Begrenzung des Untersuchungsgebietes von Wasserscheiden und damit zwangsläufig von den maximal abschattenden Bergkämmen gebildet wird. Eine zweite, größere Ergänzung, vor allem im Süden, ist notwendig - zusätzlich auch für die Hangneigungen -, da die hydrologischen Untersuchungen ergeben, daß die Wassereinzugsgebiete zum Teil über den Alpenpark hinausreichen.

3.2.2 HANGRICHTUNG (a_H)

Im nächsten Schritt wird die Hangrichtung oder das Hangazimut a_H erfaßt. Durch den Verlauf der Isohypsen sind die Reliefformen bekannt und damit Aussagen über die Orientierung kleiner Flächenstücke möglich, da die Richtung des Gefälles senkrecht zu den Höhenlinien verläuft.

Aus den beiden zunächst eines Gitterpunktes liegenden Isohypsen wird die Richtung des Gefälles durch den Punkt selbst bestimmt und als mittleres Hangazimut der repräsentierten Fläche von 0,04 km² zugeordnet. Treten dabei geschlossene Isohypsen auf, wird die Fläche als eben angesehen.

Das Azimut wird mit den Definitionen

0° = Süd, 90° = West, ± 180° = Nord, -90° = Ost

auf 5° genau ermittelt.

Azimut a_H			$\overline{a_H}$
-22,5°	≤ a_H <	22,5°	0°
22,5°	≤ a_H <	67,5°	45°
67,5°	≤ a_H <	112,5°	90°
112,5°	≤ a_H <	157,5°	135°
157,5°	≤ a_H ≤	180,0°	180°
-180,0°	≤ a_H <	-157,5°	180°
-157,5°	≤ a_H <	-112,5°	-135°
-112,5°	≤ a_H <	-67,5°	-90°
-67,5°	≤ a_H <	-22,5°	-45°

Tab. 2: Klassifizierung der Hangrichtung a_H

Die anschließende Klassifizierung zur Vereinfachung der weiteren Verarbeitung in 45°-Sektoren gemäß Tabelle 2 genügt für die Berechnung der extraterrestrischen Bestrahlungsstärke ohne und mit Abschattung (Kap. 4.1 und 4.2), da in diesen Abschnitten das Hauptgewicht auf der Erläuterung der angewandten Methode liegt. Diese kleine Auflösung wird sinnvoll auch für die Übersicht der im Alpenpark auftretenden Hangrichtungen in Statistik (Tab. 3) und Karte (Abb. 5) beibehalten.

Dagegen werden für die anschließenden Berechnungen von Strahlung in wolkenloser Athmosphäre, Verteilung von Licht und Schatten sowie der Sonnenscheindauer (Kap. 4.3 ff) alle Hänge in 10°-Sektoren klassifiziert, um realere Karten zu schaffen.

Hangrichtung	Punkte	Prozent	Summe
Ebene	798	6.8	6.8
Nord	1437	12.3	19.1
Nordost	1764	15.1	34.1
Ost	1160	9.9	44.0
Südost	1356	11.6	55.6
Süd	742	6.3	61.9
Südwest	1445	12.3	74.2
West	1233	10.5	84.8
Nordwest	1785	15.2	100.0

Tab. 3: Gliederung des Alpenparks nach der Hangrichtung a_H (45°-Sektoren)

In Tabelle 3 sind die Azimute aller Flächen mit der Häufigkeit ihres Auftretens angeführt. Faßt man N, NE und NW orientierte Hänge einerseits und S, SE, SW-Hänge andererseits zusammen, erhält man 43 % Schattseiten und 30 % Sonnseiten. Auf West- und Ostseite entfallen jeweils etwa 10 %. Diese überwiegend nördliche Ausrichtung des Untersuchungsgebietes war nach seiner Lage zwischen Alpenvorland im Norden und Alpenhauptkamm im Süden auch zu erwarten.

3.2.3 HANGNEIGUNG (n)

Zur Reliefbeschreibung wird als weiterer topographischer Faktor die Hangneigung erfaßt.

Die Neigung oder das Gefälle einer Strecke ist eindeutig durch den Quotienten aus Höhenunterschied und Horizontalentfernung zweier sie begrenzender Punkte bestimmt: Die Meßstrecke bildet in unserem Fall die bei der Festlegung des Azimutes eingezeichnete Hangrichtung, die beiden Höhenangaben werden jedem Gitterpunkt zunächst liegenden Isohypsen entnommen, deren Horizontalentfernung unter Beachtung des Maßstabes ebenfalls aus der Karte abgelesen werden kann.

Das solchermaßen im Gitterpunkt ermittelte Gefälle ordnet man wiederum dem gesamten repräsentierten Flächenstück von 0,04 km² als mittlere Hangneigung zu.

Die Bestimmung dieser Neigung wird jedoch nicht rechnerisch durchgeführt - es wären jeweils drei Werte festzustellen, niederzuschreiben und abzulochen -, sondern mit Hilfe eines Zirkels und eines Neigungsmaßstabes, der als Nomogramm jeder Karte 1:25 000 aufgedruckt ist. Neigungen bis 20° werden auf 1/10 genau erfaßt, darüber bis einschließlich 45° auf 1° genau; noch steileren Hängen ist generell ein Wert n = 60° zugeordnet.

Auch dieser Parameter wird klassifiziert: Dabei sind die Beschlüsse des »Arbeitskreises für Standortskartierung« in der »Arbeitsgemeinschaft Forsteinrichtung« (WITTICH, 1959) berücksichtigt, um praxisnahe Grundlagen zu schaffen (Tab. 4).

Neigung n			$\overline{n}$
	n =	0,0°	0°
0° <	n ≤	1,9°	1°
2° ≤	n ≤	4,9°	3,5°
5° ≤	n ≤	9,9°	7,5°
10° ≤	n ≤	19,9°	15°
20° ≤	n ≤	29,9°	25°
30° ≤	n ≤	44,9°	37,5°
	n ≥	45°	60°

Tab. 4: Klassifizierung der Hangrichtung n

Wie bei Höhe und Azimut kann die prozentuale Aufgliederung der Neigungen aller Flächenstücke ein Teilbild vom Reliefcharakter des Alpenparks vermitteln (Tab. 5). Fast die Hälfte des Gebietes ist steiler als 30°, was Auswirkungen auf Strahlungsgenuß und Wasserhaushalt haben wird.

Neigung	Punkte	Prozent	Summe
0.0°	798	6.8	6.8
1.0°	54	0.5	7.3
3.5°	157	1.3	8.6
7.5°	635	5.4	14.0
15.0°	1922	16.4	30.4
25.0°	2892	24.7	55.1
37.5°	2666	22.7	77.8
60.0°	2596	22.2	100.0

Tab. 5: Gliederung des Alpenparks nach der Hangrichtung n

Aus den angegebenen Tabellen lassen sich die Summenkurven der drei topographischen Parameter, Höhe über NN (= hyposometrische Kurve), Hangneigung und Hangrichtung, konstruieren, die eine zusammenfassende Übersicht über die Geometrie des Untersuchungsgebietes vermitteln (Abb. 3). Im nahezu geradlinigen Verlauf der Azimutkurve kommt die dem Alpenpark eigentümliche Symmetrie der Hangrichtung zum Ausdruck.

Abb. 4 zeigt eine andere graphische Umsetzung der Tabelle 3, in der deutlich wird, daß als Symmetrieachse die N-S-Richtung ausgezeichnet ist.

3.3 OBERFLÄCHENBEDECKUNG

Während mit den topographischen Faktoren alle Parameter vorlagen, die zur Berechnung ausgewählter Energiegrößen als Funktion der Geometrie der Oberfläche nötig waren, zeigte sich vor allem für die Abschätzung der Wasserbilanz des Alpenparks, daß zusätzliche Kenntnisse über Art und Verteilung der Oberflächenbedeckung unerläßlich sind.

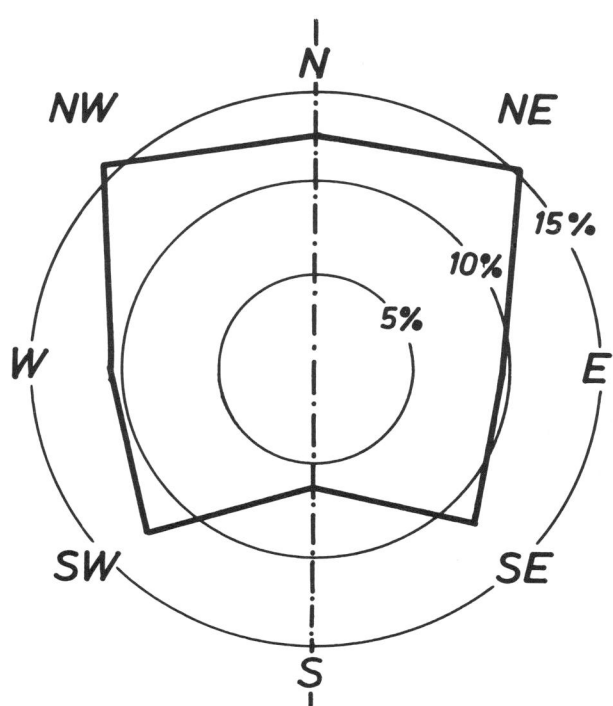

Abb. 4: Prozentuale Aufteilung der Hangazimute (ohne Ebene)

Die Auswertung erfolgt nach insgesamt fünf verschiedenen Typen: Gewässer, Grünland, Busch, Wald und Fels. Die Zuordnung der einzelnen Vegetationsformen und Bodenbedeckungen, die im Alpenpark auftreten, wird hinsichtlich ihres vergleichbaren hydrologischen Verhaltens vorgenommen: Laubwald, Nadelwald und Mischwald werden nicht unterschieden, einzelne Bäume und Gebüsch, Busch-Auwald und Latschenvegetation fallen unter den Begriff

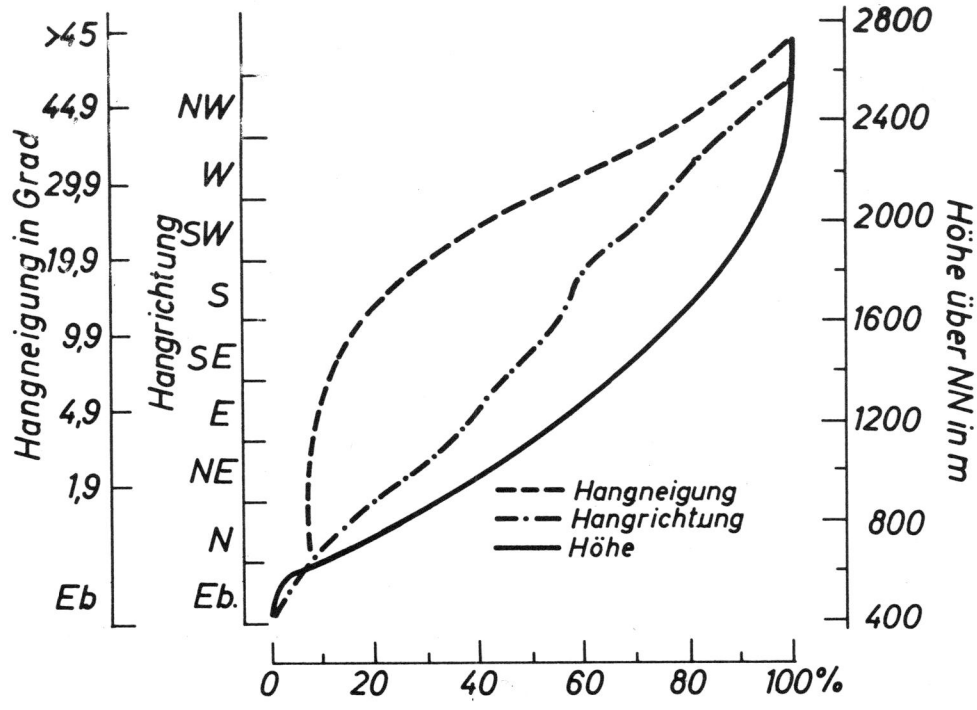

Abb. 3: Summenkurven für Hangneigung, Hangazimut und Höhe über NN

Quelle:	top. Karte 1:25 000		Staatsministerium ELF			Köstler/Mayer		
Wald	238,96		Forstbetriebsfläche		246,73	Wald		210,0
Busch	60,56		Latschenfläche unkultiv. Moorfl., nicht mehr landw. genutzte Fläche	48,96 2,33	51,29	Latschenfelder		50,0
Grünld.	48,36		almwirtsch. genutzt Matten übr. landw. Fläche	8,87 5,34 40,02	54,23	Landwirtschaft		40,0
Fels	114,12		Siedlung/Verkehr Felsen	12,26 93,02	105,28	Siedl./Verkehr Kahlgebirge	20,0 136,0	156,0
Wasser	6,80		Seen sonst. Wasserfl.	6,14 2,53	8,67	Seen		10,0
Gesamt	468,80				466,20			466,0

Tab. 6: Oberflächenbedeckung im Alpenpark

»Busch«. Zu den »Felsgebieten« zählen in diesem speziellen Fall alle Arten von nackten Böden, Sand-, Kies- und Geröllhalden ebenso wie Siedlungs- und Verkehrsflächen. Gewässer und Flußläufe bilden keine Probleme. Die Zusammenfassung von Matten, almwirtschaftlich genutztem und kultiviertem Land, zum Restgebiet »Grünland« ist sinnvoll, da im Alpenpark diese Flächen nur ganz vereinzelt anders als Viehweide genutzt werden.

Jeder Einheitsfläche von 0,04 km² wird der Typ zugeordnet, von der der überwiegende Teil bedeckt ist.

Tabelle 6 enthält eine Übersicht über die Verteilung der Oberflächenarten im Alpenpark, wie sie mit diesen Definitionen erfaßt werden. Zum Vergleich sind Werte nach zwei anderen Quellen gegenübergestellt: Der Übereinstimmung mit den detaillierten Erhebungen des Bayer. Staatsministeriums für Ernährung, Landwirtschaft und Forsten (1974) zufolge, darf unsere Näherungsmethode als ausreichend genau betrachtet werden.

Der größte absolute Flächenunterschied von 9,3 km² in der Spalte »Busch« rührt vor allem daher, daß aller Bewuchs, der nicht eindeutig den Definitionen »Wald« oder »Grünland« entsprach, als »Busch« ausgeschieden wurde. Dagegen ist die maximale relative Abweichung von 28 % bei den Gewässern gegenüber den von uns erhobenen Daten auf die Rasterung zurückzuführen, durch die schmale Bach- und Flußläufe flächenmäßig unterrepräsentiert werden. Die Gesamfläche der Seen im Alpenpark, nach der zitierten Quelle 6,14 km² groß, ist mit 6,80 km² hinreichend genau erfaßt.

Merkliche Abweichungen ergeben sich in einzelnen Teilflächen, legt man Zahlen nach KÖSTLER/MAYER (1974) zugrunde, die jedoch, nach diesen Autoren, »verschiedenen Unterlagen entnommen sind und einer statistischen Überprüfung bedürfen«.

Die Abweichung der errechneten Gesamtfläche von 468,8 km² gegenüber den anderen Werten resultiert aus der erwähnten unterschiedlichen Grenzziehung.

Neben diesen aus der Karte erfaßbaren Grundlagen braucht man auch Meßwerte klimatologischer Parameter, um über deren Abhängigkeit von der Topographie die topoklimatologische Struktur des Geländes erarbeiten zu können. Wo solche Anschlußwerte für die einzelnen Regressionen benötigt werden und welchen Unterlagen sie zu entnehmen sind, da auf eigene Meßreihen verzichtet werden muß, geht aus den jeweiligen folgenden Kapiteln hervor.

3.4 KARTOGRAPHISCHE DARSTELLUNG

Anhand des Grundlagenmaterials lassen sich Spezialübersichtskarten für die verschiedenartigsten Belange der Praxis anfertigen: Karten der Neigungs-, Richtungs- und Bedeckungsverhältnisse eines Gebietes muß man mitheranziehen, um Aussagen über Erosions- und Lawinengefährdung von Hängen, Erschließungsmöglichkeiten für Verkehr und Tourismus, forstliche Flächennutzung und vieles andere mehr treffen zu können.

Verschiedene Kriterien sind für die Darstellung dieser und anderer Größen maßgeblich: Einmal spielt der Parameter selbst eine nicht unerhebliche Rolle; er kann räumlich stetig sein wie beispielsweise Niederschlag und Temperatur oder aber unstetig wie Schlagschatten im Gelände oder Hangrichtung, zum zweiten die gewünschte Genauigkeit. Die Verwendung des Gittersystems legt es nahe, die Ausgabedaten zunächst wiederum als Punktwerte im Raster

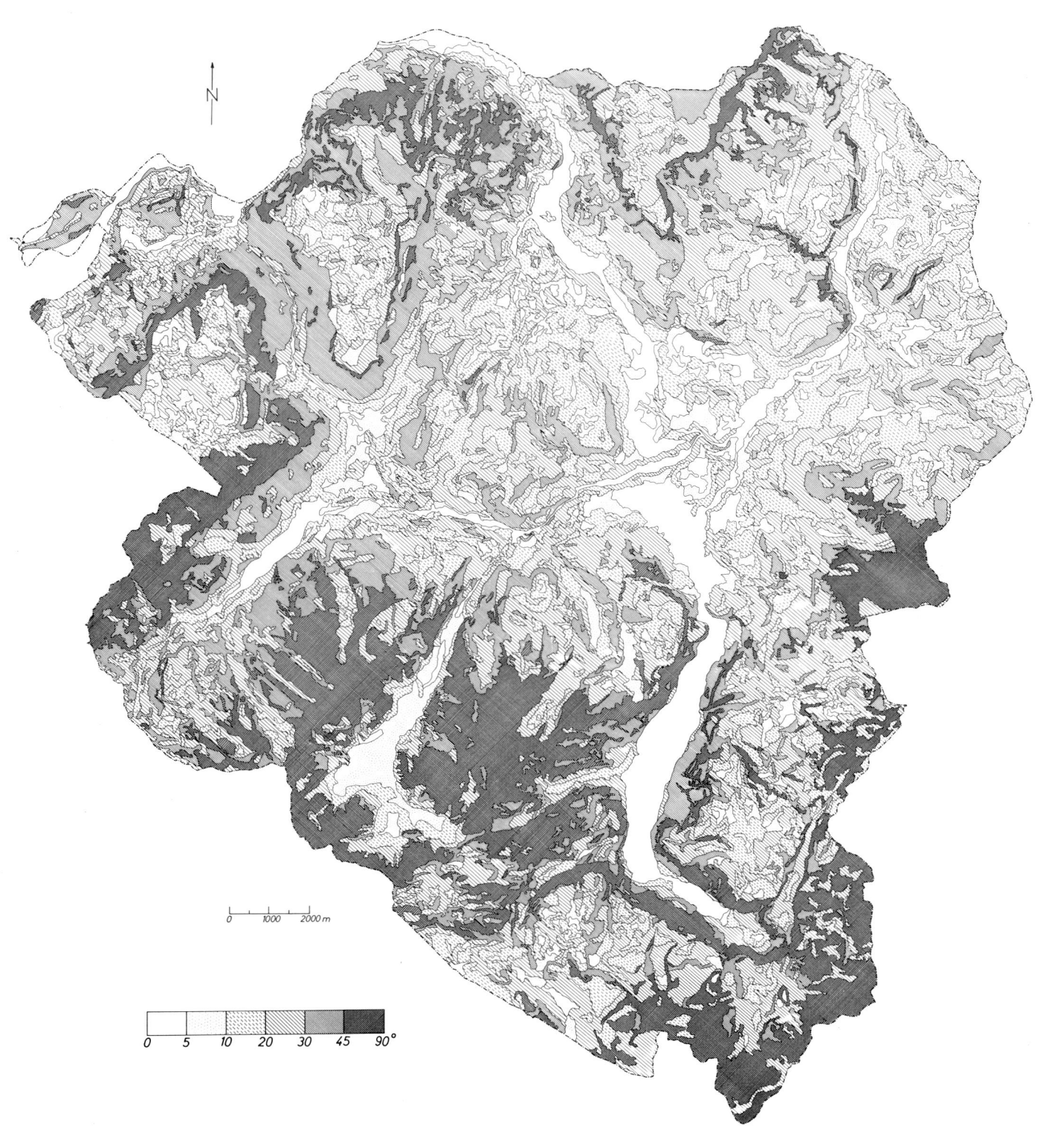

Abb. 5: Hangneigung

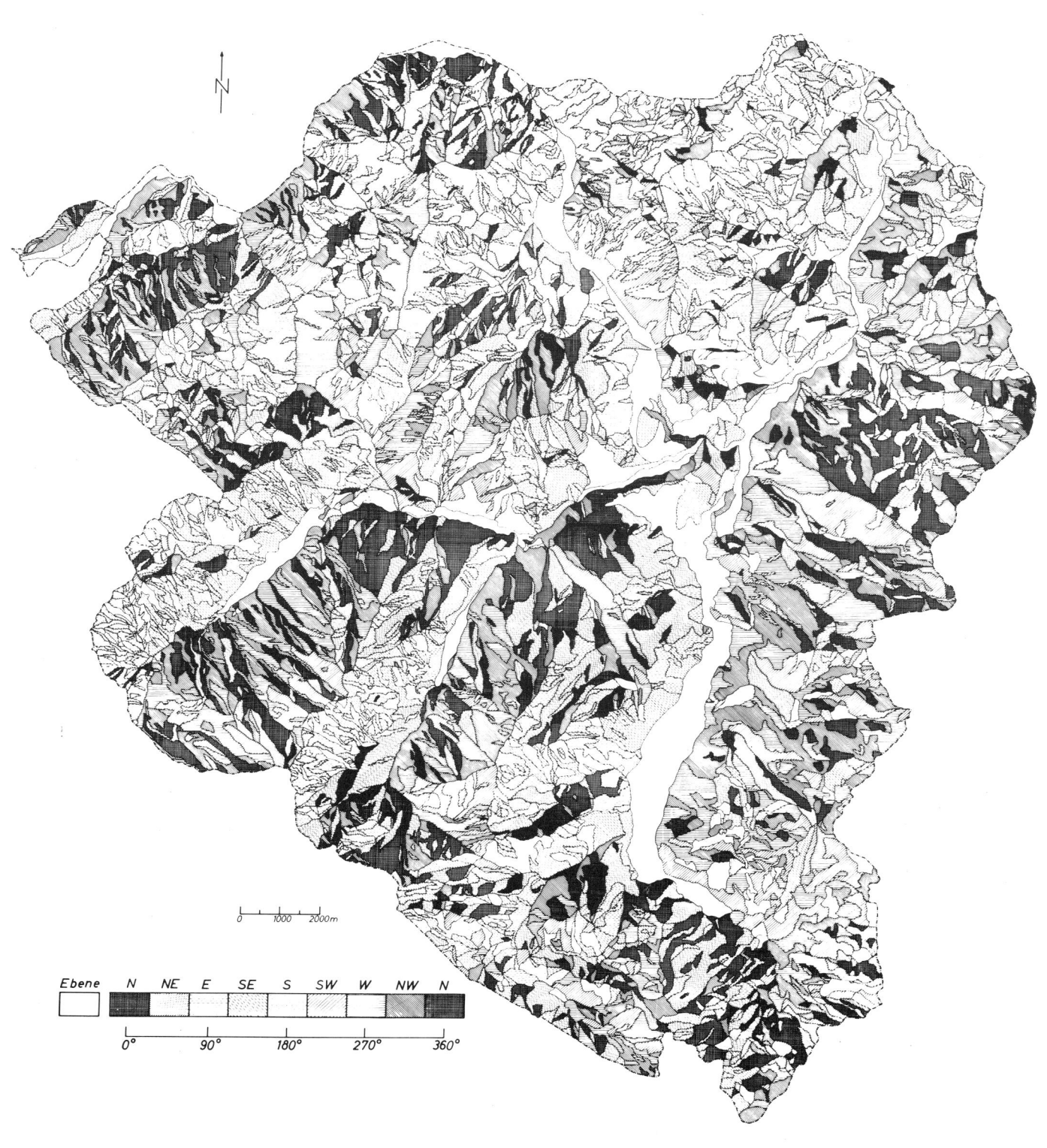

Abb. 6: Hangazimut

darzustellen, EDV-bedingt allerdings in einem anderen Maßstab. Die Überführung in den Maßstab 1:25 000 erfolgt auf photographischem Weg. Um diese »Punktwerte«-Karten übersichtlich zu halten, werden, wo es erforderlich scheint, Klasseneinteilungen innerhalb bestimmter Intervallgrenzen vorgenommen. Die Grenzlinienführung dieser Isoflächen, die bei bestimmten Parametern oftmals streng an Geländeformationen wie Hangknicke und Grate gebunden ist, wird anhand der topographischen Karte korrigiert.

3.4.1 HANGNEIGUNG

Bei der Karte der Hangneigung (Abb. 5) wäre unter Beibehaltung der ursprünglichen Einteilung nach dem Schema der Standortserkundung (8 Neigungsklassen) eine sinnvolle Darstellung kaum mehr möglich. Insbesondere treffen auf Neigungen von 1 und 2,5 Grad meist nur einzelne Gitterpunkte; größere, zusammenhängende Flächen können nicht mehr ausgeschieden werden. Auf Hänge dieser Neigung entfallen jedoch insgesamt nur 1,8 % des Gesamtgebietes (vgl. Tab. 5). Daher sind alle Flächen mit Neigungen bis 4,9 Grad zu einer Klasse zusammengefaßt und nicht weiter detailliert.

Aus der Karte ersieht man eine generelle Zunahme der Neigung vom flachen Alpenvorland im Norden zur Gebirgshauptkette im Süden. Deutlich treten die Gebirgsstöcke Hoher Göll im Osten, Watzmann im Südwesten sowie Hochkalter und Reiteralpe im Westen hervor, ebenso wie die klare Gliederung des Alpenparks durch langgezogene Verebnungen (Königssee, Wimbachtal, Klausbachtal, Berchtesgadener Ache).

3.4.2 HANGRICHTUNG

Noch markanter tritt diese Unterteilung in der Karte der Hangrichtungen (Abb. 6) auf. In dieser Zeichnung ist die grobe 9-stufige Klassifizierung des Geländes beibehalten (8 Azimute und die Ebene), dennoch wirkt diese Karte infolge der größeren Richtungskonstanz innerhalb von 45-Grad-Sektoren etwas ruhiger als Abbildung 5. Vergleicht man beide Darstellungen, so läßt sich feststellen, daß an einigen wenigen Punkten zwar Neigungen größer 4,9 Grad angegeben sind, eine Angabe der Richtung aber unterbleibt (z. B. Wimbachtal im Südosten). Dieser vermeintliche Widerspruch ist jedoch erklärbar: In solchen Gebieten sind die Isohypsen stark verschlungen oder in Felsschraffen nicht mehr feststellbar; damit wird im Rahmen der Zeichengenauigkeit keine Richtungsausscheidung mehr möglich, wohl aber noch eine generelle Neigungsaussage.

3.4.3 OBERFLÄCHE

Ein mechanischer Plotter, wie er während dieser Arbeit im Rechenzentrum installiert wurde, vereinfacht zwar die kartographische Wiedergabe von Isoplethen und Isolinien, doch muß mit dem erzielten Minimum an zeichnerischem Aufwand eine weitere Generalisierung in Kauf genommen werden. Dafür lassen sich die Karten bereits im gewünschten Maßstab anfertigen, zusätzlich kann man die Werte an den Gitterpunkten durch entsprechende Symbole ersetzen, was zu anschaulichen Rasterdarstellungen führt. Als Beispiel Abbildung 7 mit der Verteilung der Oberflächenbedeckung: Die Hauptflächenanteile, Wald und Fels, treten meist in größeren, zusammenhängenden Formen auf, die Übergänge zwischen beiden werden in der Regel von Buschgesellschaften gebildet. Mit einzelnen Ausnahmen nimmt Grünland vor allem die Täler in der Nordhälfte des Alpenparks ein.

3.4.4 HÖHE

Um die Darstellung der Basisparameter abzurunden, zeigt Abbildung 8 den Verlauf ausgewählter Isohypsen, der sich aus den Rasterwerten ergibt. Dieses generalisierte Bild der Höhenstruktur des Alpenparks ist vor allem als Orientierungshilfe für die Interpretation der folgenden Karten gedacht, da viele klimatische Größen eine starke Abhängigkeit von der Seehöhe zeigen. Ist man an Einzelheiten des Reliefs interessiert, so zieht man zweckmäßig die entsprechenden amtlichen topographischen Karten heran.

Anzumerken bleibt, daß moderne technische Entwicklungen darauf hinzielen, die Rückdigitalisierung von topographischen Karten und darauffolgende Umsetzung in Spezialkarten vollautomatisch abzuwickeln.

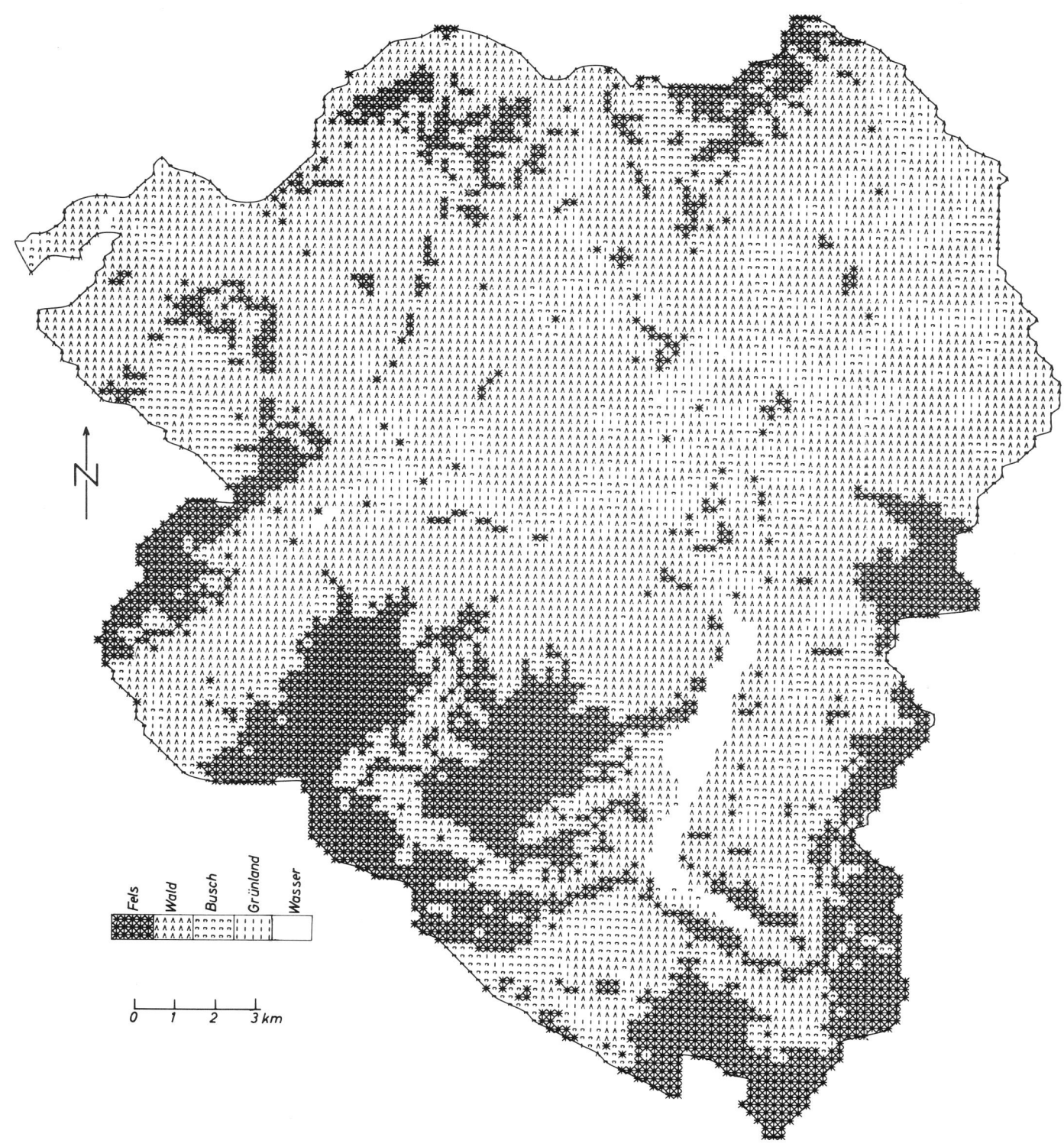

Abb. 7: Oberflächenbedeckung

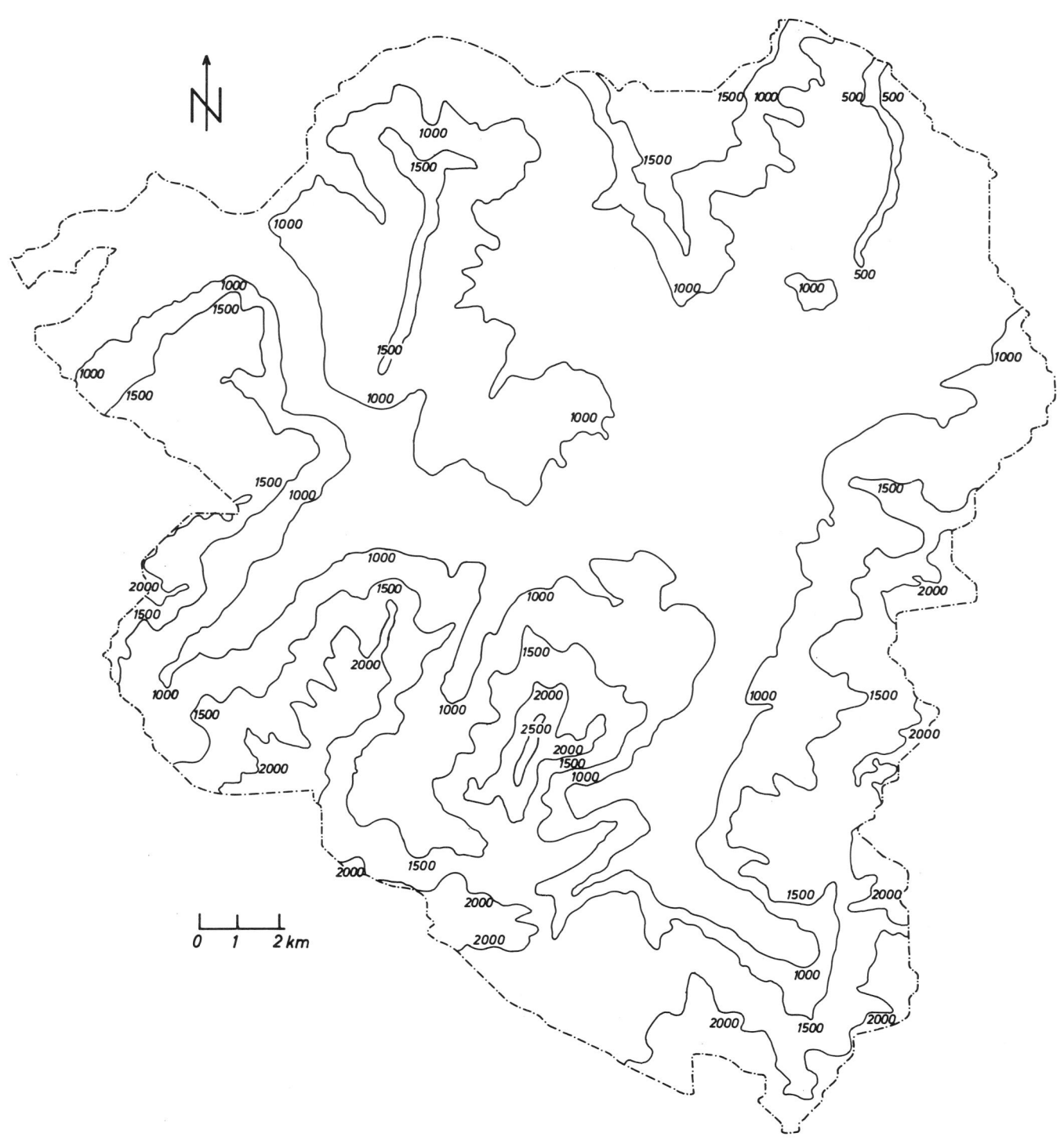

Abb. 8: Höhe über NN (m)

4. Sonnenstrahlung

Energie und Wasser, das sind die beiden bedeutendsten Größen für das Klima. Ihre lokale und zeitliche Verteilung führt zusammen mit Geländeparametern wie Topographie und Boden besonders im Gebirge, wo die Variationsbreite dieser Faktoren außerordentlich groß sein kann, zur Ausbildung von klimatischen Unterschieden auf engstem Raum. Der Schwerpunkt des weiteren Vorgehens liegt daher auf dem Herausarbeiten der Strukturen einzelner Größen des Energie- und Wasserhaushaltes, soweit deren Berechnung mit verhältnismäßig einfachen mathematischen Beziehungen möglich ist.

In seiner Review über die Topoklimatologie schreibt GEIGER (1969): »Die einem geneigten Hange zugestrahlte solare Energie ist immer der primäre und wirksamste Faktor für den Wärmehaushalt und das Topoklima. In der Landwirtschaft, insbesondere im Obstbau, sind daher für die Beurteilung eines Geländes kartographische Darstellungen der Sonnenbestrahlung erwünscht. Die Unterlagen dazu aus aktuellen Messungen an einer Vielzahl von Geländepunkten zu beschaffen, ist aus Arbeits-, Zeit- und Kostengründen unmöglich, aber auch nicht nötig. Man kann nämlich errechnete, theoretische Werte der direkten Sonnenstrahlung verwenden .... Die starke Schwächung dieser direkten Bestrahlung durch eine wolkenlose Atmosphäre hat keinen Einfluß auf Unterschiede in der Hangbestrahlung. Dagegen verringert die diffuse Himmelstrahlung und mehr noch die Bewölkung diese Unterschiede. Kartiert man jedoch ausschließlich die direkte Sonnenstrahlung, so treten sie wesentlich kräftiger hervor, als sie selbst an wolkenlosen Tagen vorkommen. Genau das ist aber für die Praxis von Interesse: Man will wissen, welche Teile des Geländes relativ bevorzugt bzw. benachteiligt sind. Je deutlicher die Karte das enthüllt, desto besser. Daher läßt man für die Kartierung Himmelsstrahlung und Bewölkung außeracht. Man muß sich nur dieser Tatsachen bei Benutzung der Karten immer bewußt bleiben.«

Dieses Zitat verdeutlicht, welche Rolle der Kartierung der direkten Sonnenstrahlung für topoklimatologische Untersuchungen zukommt. In den folgenden Abschnitten wird ein Verfahren angewandt, das zunächst für beliebige, jedoch freistehende Hänge die Berechnung der extraterrestrischen Bestrahlungsstärke erlaubt (Kap. 4.1). Wesentliche Änderungen ihrer Werte ergeben sich, betrachtet man nicht jeden Hang für sich allein, sondern in Beziehung zu seiner Umgebung (Kap. 4.2). Einführung einer realen, jedoch wolkenfreien Atmosphäre führt schließlich zu weiteren Modifikationen, zu einer höhenabhängigen Verringerung der Einstrahlung insgesamt, aber auch zu unterschiedlichen Änderungen im Strahlungsgenuß der einzelnen Hänge, die durch die tages- und jahreszeitliche Variation im Transmissionsverhalten der Atmosphäre hervorgerufen werden (Kap. 4.3). Die zitierte Aussage GEIGERS, nach der die Trübung gleichmäßig auf alle Hänge wirkt, darf nämlich nur für momentane Werte der direkten Bestrahlung als gültig angesehen werden, nicht aber bei Mittelwertbildung durch Integration über die Dauer der Bestrahlung zu unterschiedlichen Zeiten.

4.1 SONNENSTRAHLUNG - EXTRATERRESTRISCH, OHNE ABSCHATTUNG

Beschränkt man sich zunächst unter Außerachtlassung atmosphärischer Einflüsse auf die Berechnung der »potentiellen« direkten Strahlung, so ist eine exakte mathematische Lösung mit verhältnismäßig einfach aufgebauten trigonometrischen Beziehungen möglich. Daß dennoch immer wieder verschiedene Untersuchungen sich mit diesem Problem beschäftigen, zeugt davon, daß die Vielzahl der zu berücksichtigenden Parameter mit großer Variationsbreite es nahezu unmöglich macht, Strahlungswerte für alle möglichen interessierenden Situationen vollständig anzugeben. Meist werden Teillösungen in Tabellenform bzw. als Nomogramme oder Diagramme veröffentlicht.

Für horizontale Flächen findet man bei MILANKOVITCH (1930) nach einer gründlichen Darstellung der mathematischen Grundlagen zur Berechnung der potentiellen Sonnenstrahlung Ergebnisse in Tabellenform, OKANOUE (1957) hat entsprechende Ansätze für geneigte Hänge veröffentlicht. JUNGHANS (1963) beschreibt für die geographische Breite $\varphi = 50°N$ die Anfertigung von Nomogrammen mittels eines vektoriellen Ansatzes, aus denen sich die »relative Besonnung« ablesen läßt, laut Definition »die der Einheitsfläche pro Zeiteinheit zugestrahlte Energiemenge, bezogen auf die Energie, die einer im Erdbodenniveau senkrecht zum Strahlungsstrom stehenden Einheitsfläche direkt zugestrahlt wird.« In einer anderen Arbeit (1965) untersucht er die Gesetzmäßigkeiten im Jahresgang des Geometriefaktors für Hänge mit verschiedenen Expositionen ($\varphi = 50°N$), mit dem der Sinus des Winkels zwischen einfallender Sonnenstrahlung und bestrahlter Fläche bezeichnet wird.

Die von KIMBALL (1919) entwickelte und von LEE (1962) verbesserte Theorie des »equivalent slope« geht von dem Umstand aus, daß sich zu jeder geneigten Fläche irgendwo auf dem Globus eine Ebene findet, die denselben Betrag an direkter Sonnenenergie empfängt. Damit lassen sich die umfangreichen Berechnungen für Hänge auf die einfachere Strahlungsgeometrie für die Ebene zurückführen.

Im übrigen sei auf eine umfangreiche Literaturübersicht bei GEIGER (1961) verwiesen.

4.1.1 BERECHNUNGSMETHODE

Die extraterrestrische Strahlung detailliert für alpine Gebiete anhand von Nomogrammen zu ermitteln, ist bei der Vielfalt der möglichen Kombinationen von Neigung und Richtung ein äußerst zeitraubendes Verfahren. Dagegen ist die Berechnung von Strahlungswerten über EDV mit vergleichsweise geringem Aufwand möglich, wenn einmal die mathematischen Gleichungen aufgestellt sind. Soweit bekannt hat erstmals GESSLER (1925) die astronomischen und trigonometrischen Beziehungen für die Hangbestrahlung in eine Form gebracht, die die Berechnung von Tageswerten der potentellen solaren Strahlung gestattet. Darauf beruhen beispielsweise Diagramme zur täglichen, vierteljährlichen und jährlichen extraterrestrischen Hangbestrahlung von HEYNE (1969). Der besondere Vorzug der verwendeten Formeln liegt darin, daß die Tageswerte durch Integration des Sonnenaufgangs bis zum Sonnenuntergang ermittelt werden und damit später durch Neufestlegung dieser Integrationsgrenzen bei Abschattung durch die Umgebung die Berechnung der dadurch reduzierten eingestrahlten Energie verhältnismäßig einfach wird:

Von der sonst üblichen Darstellung in Form von Strahlungssummen abgehend, werden Mittelwerte der potentellen Bestrahlungsstärke (Dimension: $W\ m^{-2}$) berechnet. Damit erzielt man eine bessere Vergleichbarkeit beispielsweise von Monatswerten, da die Abhängigkeit der Werte von der Zahl der die Periode bildenden Tage unterdrückt wird.

Eine **beliebig exponierte Fläche** erhält die **momentane Bestrahlung**

$$I = \frac{I_o}{R^2} \sin h \quad (1)$$

wobei $I_0 = 1395{,}6\ W\ m^{-2}$ für die Solarkonstante (= 2 cal cm^{-2} min^{-1}) und R für die auf ihren mittleren Wert normierte Entfernung Erde-Sonne steht. Der Geometriefaktor sin h als Sinus der Sonnenhöhe über dieser Fläche ergibt sich als Funktion der geographischen Breite φ, der Hangneigung n bzw. -richtung a_H, der Deklination der Sonne δ sowie des Stundenwinkels der Sonne t:

$$\begin{aligned}\sin h = &\ (\sin \varphi \cos n - \cos \varphi \sin n \cos a_H) \sin \delta \\ &+ (\cos \varphi \cos n + \sin \varphi \sin n \cos a_H) \cos \delta \cos t \\ &+ \sin n \sin a_H \cdot \cos \delta\ \sin t \end{aligned} \quad (2)$$

a_H und t sind folgendermaßen definiert:

N	E	S	W	N	Azimut
-180°	-90°	0°	90°	180°	Winkel a_H bzw. t
0^h	6^h	12^h	18^h	24^h	Ortszeit

Für die **horizontale Fläche** mit n = 0 und a_H = 0 vereinfacht sich Gleichung (2) zu

$$\sin h_E = \sin \varphi \sin \delta + \cos \varphi \cos \delta \cos t. \quad (3)$$

Tagesmittel der potentellen Bestrahlungsstärke I_d erhält man durch Integration der Gleich. (1) vom Stundenwinkel des Sonnenaufgangs SA bis zum Sonnenuntergang SU

$$I_d = \frac{I_o}{2 \pi R^2} \int_{SA}^{SU} \sin h \cdot dt, \quad (4)$$

wobei die Stundenwinkel t im Bogenmaß einzusetzen sind. SA und SU bestimmt man, indem man in Gl. (2) bzw. (3) sin h bzw. sin h_E Null setzt. Beide Gleichungen für Hang und Ebene müssen gelöst werden: Vereinfacht man Gl. (2) zu

$$\sin h = A + B \cos t + C \sin t, \quad (5)$$

so erhält man 4 Lösungen

$$\sin t_{1/2} = -\frac{AC}{D} \pm \frac{B}{D} \sqrt{D - A^2} \quad (6a)$$

$$\cos t_{1/2} = -\frac{AB}{D} \pm \frac{C}{D} \sqrt{D - A^2} \quad (6b)$$

mit $D = B^2 + C^2$. Dabei gehören jeweils sin t_1 und cos t_2 bzw. sin t_2 und cos t_1 zum selben Winkel, der sich damit eindeutig festlegen läßt. Da in diesen Formeln der Erdschatten nicht berücksichtigt wird, ist jedesmal zu prüfen, welche Winkel Sonnenaufgang bzw. -untergang repräsentieren. Die maximalen Grenzen der Besonnung, bei Vorgabe von Datum und geographischer Breite, liefern die Lösungen der Gleichung (3) für die Ebene. Die tatsächlich zu verwendenden Integrationsgrenzen für Hänge setzen sich also aus den Teillösungen für Hang und Ebene zusammen: Meist erhält man zwei Grenzen, von denen häufig die eine von der Ebene, die andere vom Hang bestimmt wird. In besonderen Fällen, so z. B. zu bestimmten Zeiten bei steilen Nordhängen, in denen die Sonne tagsüber in den Hangschatten tritt, ergeben sich vier Integrationsgrenzen, SA für die Ebene, SU und SA für den Hang, SU für die Ebene. Das Tagesmittel der Bestrahlungsstärke bildet man in diesen Situationen aus der Summe der beiden Teilintegrale.

Nach diesem Verfahren ließen sich grundsätzlich Strahlungsberechnungen für jeden Tag des Jahres durchführen, doch kann man den dazu benötigten Aufwand an Rechenzeit ohne bedeutenden Verlust an Genauigkeit reduzieren, wenn man sich auf jeden 10. Tag beschränkt und anschließend linear auf einen Abstand von fünf Tagen interpoliert. Quadratisch oder gar kubisch wie HEYNE zu interpolieren, ist für die Strahlungsverhältnisse in unseren Breiten nicht erforderlich.

Damit stehen für den jährlichen Gang der Bestrahlungsstärke insgesamt 73 Stützstellen zur Verfügung, aus denen sich **Mittelwerte für beliebige Perioden** bilden lassen: Sei k die Anzahl der Stützstellen einschließlich der beiden Werte, die das Intervall begrenzen. Um den Einfluß dieser Randwerte nicht überzubewerten, bildet man

k-1 Mittel $\overline{I}_{d_i}$ der Form

$$\overline{I}_{d_i} = \frac{I_{d_i} + I_{d_{i+1}}}{2}, \quad i = 1, 2, ..., k-1 \quad (7)$$

Der gesuchte Mittelwert einer Periode ergibt sich zu

$$I_P = \frac{1}{k-1} \cdot \sum_{i=1}^{k-1} \overline{I}_{d_i} \qquad (8)$$

Wenn vorher der Vorteil der Berechnung von Mittelwerten betont wurde, so können für die Praxis dennoch oft Angaben in Form von Summen nützlich sein. Die dafür erforderlichen Umrechnungsfaktoren, bezogen auf je 1 Wm^{-2}, sind für verschiedene Zeiträume in Tabelle 7 angeführt.

Zeitraum	Summe in kWh m^{-2}
Tag	0,024
Monat (28 Tage)	0,672
Monat (29 Tage)	0,696
Monat (30 Tage)	0,720
Monat (31 Tage)	0,744
Winter (88,70 Tage)	2,129
Frühjahr (90,69 Tage)	2,177
Sommer (94,00 Tage)	2,256
Herbst (91,85 Tage)	2,204
Vegetationsperiode (153,83 Tg.)	3,740
Jahr (365,24 Tage)	8,766

Tab. 7: Umwandlung von Mittelwerten in Summen, bezogen auf 1 W m^{-2}

Werden Berechnungen für die vier Jahreszeiten durchgeführt, so sollte für den Sommer das Vierteljahr gewählt werden, das symmetrisch um den 21. Juni liegt, analog das Winterviertljahr symmetrisch um den 22. Dezember; anderfalls, bei Wahl der astronomischen Vierteljahre, erhält man jeweils für Frühjahr und Sommer bzw. für Herbst und Winter dieselbe Bestrahlungsstärke.

4.1.2 VERWENDETE DATEN; ERGEBNISSE

a) Astronomische und geographische Ausgangsdaten

Der Einfachheit halber legen wir der Berechnung von Tagesmitteln dieselben Werte von R und δ wie HEYNE zugrunde und beziehen uns damit auf die astronomischen Verhältnisse des Jahres 1966. Wegen der geringen säkularen Variation dieser Parameter dürfen jedoch die Ergebnisse als allgemein gültig für klimatologische Zwecke betrachtet werden. Tabelle 8 zeigt einen Ausschnitt aus dem Datenmaterial. Daraus geht hervor, daß zur Vereinfachung nach Berechnung des ersten Halbjahres die zum 21.6. symmetrisch liegenden Tagesmittel einzig mit der Variabilität des Faktors R bestimmbar sind. Die geographische Breite $\varphi = 47,6°$, auf der Berchtesgaden etwa im Zentrum des Alpenparks liegt, wird als repräsentativ für die gesamte Region angesehen und nicht variiert.

Wahre Länge der Erde	Datum, wahre Ortszeit	Deklination δ	Relativer Abstand Erde-Sonne (R)
− 20°	1.03.66 01h	− 7° 49,24'	0,99087
− 20°	11.03.66 01h	− 3° 57,68'	0,99340
0°	21.03.66 02h	0° 0,00'	0,99620
+ 10°	31.03.66 04h	3° 57,68'	0,99903
+ 20°	10.04.66 08h	7° 49,24'	1,00193
+ 30°	20.04.66 13h	11° 28,44'	1,00483
+ 40°	30.04.66 20h	14° 49,01'	1,00751
+ 50°	11.05.66 03h	17° 21,86'	1,01000
+ 60°	21.05.66 12h	20° 9,24'	1,01223
+ 70°	31.05.66 22h	21° 57,21'	1,01398
+ 80°	11.06.66 07h	23° 4,01'	1,01538
+ 90°	21.06.66 21h	23° 26,62'	1,01631
+100°	2.07.66 08h	23° 4,01'	1,01664
+110°	12.07.66 20h	21° 57,21'	1,01655

Tab. 8: Astronomische Daten (aus HEYNE, 1969)

b) Jahresmittelwerte

Als Beispiel wird die Berechnung von Jahresmittelwerten durchgeführt und in Abbildung 9 kartiert. Insgesamt 5 Stufen von je 100 zu 100 Wm^{-2} ergeben ein stark strukturiertes Bild des potentiellen, extraterrestrischen Strahlungsgenusses. Auffallend ist die große Verbreitung von Bestrahlungsstärken zwischen 200 und 300 Wm^{-2}. Dieser Wert trifft für alle West- und Osthänge zu, für die Ebenen einschließlich der Flüsse und Seen, die NE- und NW-Hänge mit Neigungen bis 30° sowie für alle Nordhänge bis 20°.

Da aber in solchen Karten, abgesehen von atmosphärischen Einflüssen, die mögliche Abschattung jedes einzelnen Hangs durch die Umgebung vernachlässigt ist, fehlt zum relativen oder gar absoluten realistischen solaren Strahlungsempfang hier im Alpenpark jeder Bezug. Für andere Gebiete jedoch mit nur schwacher Reliefenergie und daher geringen Horizontüberhöhungen kann die Anwendung der bisher beschriebenen Gleichungen unter Umständen bereits genügen, um Bestrahlungskontraste für die Geländebeurteilung zu dokumentieren.

Die ausführliche Darstellung dieser Berechnungsgrundlagen war zudem notwendig, da sie das Verständnis der nachfolgenden Erweiterung der strahlungsgeometrischen Beziehungen durch die Berücksichtigung des Horizontes erleichtert.

4.2 SONNENSTRAHLUNG - EXTRATERRESTRISCH, MIT ABSCHATTUNG

Seit man sich mit graphischen oder mathematischen Methoden zur Ermittlung der direkten Besonnung beschäftigt, versucht man auch die Probleme zu bewältigen, die sich aus überhöhtem Horizont ergeben. Für praktische Fragen der Agrarklimatologie, solange sie sich auf Flächen mit nur geringer Horizontüberhöhung beziehen, darf deren Einfluß vernachlässigt werden, da auch die Intensität der Strahlung bei

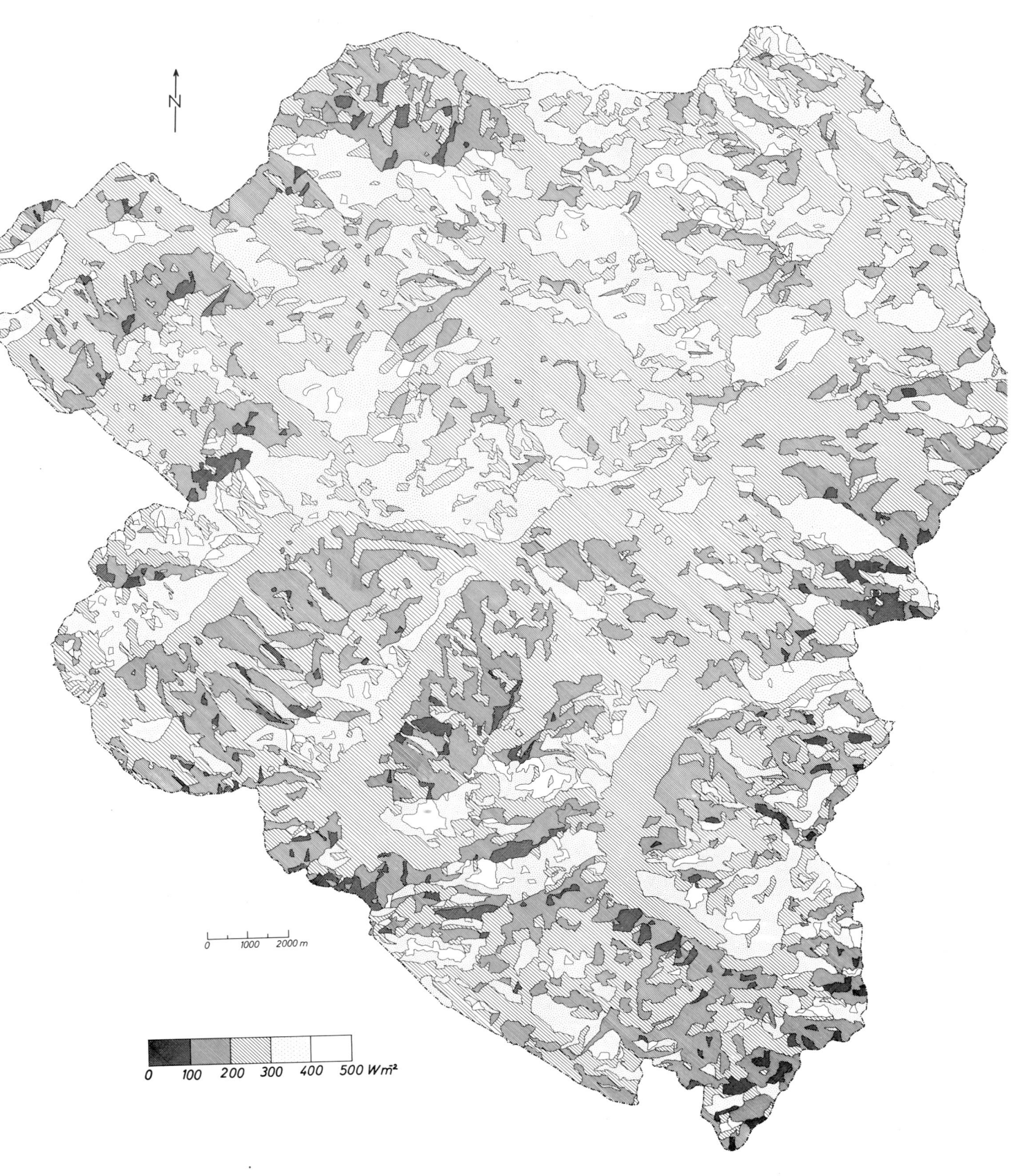

Abb. 9: Extraterrestrische Hangbestrahlung (freistehende Hänge): Jahresmittel

niedrigem Sonnenstand relativ gering ist. Im Hochgebirge treten jedoch beträchtliche Unterbrechungen des Tagesbogens der Sonne ein, oft liegen über weiten Flächen langandauernde Schlagschatten, die zu einer nicht unerheblichen Reduzierung des potentiellen Strahlungsgenusses führen, in engen Gebirgstälern an manchen Tagen sogar zu absoluter Sonnenabschirmung.

Die Einbeziehung der Abschattung durch die Umgebung in die Berechnung von Tagesmitteln (mögliche Eigenabschattung wird bereits durch die Gleichungen (1) - (6) berücksichtigt) führt somit zu einer besseren Anpassung an reale Strahlungskontraste im Gelände bei wolkenlosem Himmel.

Eine sorgfältige Bestimmung der Verkürzung und Unterbrechung des natürlichen Tagebogens der Sonne erlauben instrumentelle Entwicklungen, wie beispielsweise der Sonnenscheinintegrator nach SCHLEIN (1931), der Tagbogenmesser nach SCHMIDT (1933) oder der Höhensucher nach KAEMPFERT (1941), die auf der graphischen Konstruktion des Horizontprofiles für einen vorgegebenen Bezugspunkt beruhen und daher Geländearbeiten erforderlich machen. Zudem ist die anschließend notwendige Umrechnung der ermittelten tatsächlich möglichen Besonnungsdauer auf Intensitätswerte äußerst aufwendig, falls überhaupt möglich.

Modernere Instrumente wie das Horizontoscop nach TONNE (1952) oder der Trierer Geländebesonnungsmesser von MORGEN (1952) erleichtern oder übernehmen teilweise diese Umrechnungen, allerdings nur für bestimmte zeitliche oder räumliche Strahlungssituationen; die Außenarbeiten bleiben aber nicht erspart.

Zur Reduzierung des Aufwandes gibt LAUSCHER (1934) ein Verfahren zur Berechnung von Strahlungssummen auf ebenen Flächen mit beschränktem Horizont durch Konstruktion von normierten Summenkurven an. Ergänzungen in Tabellenform (auch für geneigte Flächen) für verschiedene Arten und Grade der Horizontabschirmung sind von SAUBERER u. DIRMHIRN (1958) veröffentlicht. Auf dieser Basis war es LEE u. BAUMGARTNER (1966) möglich, bei Verwendung der für horizontale Flächen gültigen Besonnungsverminderung über die erwähnte Methode des »equivalent slope« die Verteilung des jährlichen Strahlungsgenusses für das Fichtelgebirge zu kartieren.

Bereits weitgehend den Bedürfnissen der Praxis gerecht werdend hat wiederum MORGEN (1957) graphisch ermittelte Besonnungsabzüge tabellarisch mitgeteilt: Für $\varphi = 50°N$ sind für Flächen verschiedener Neigung, Exposition und sektorieller Horizontbegrenzung (45°-Sektoren, Überhöhung von 10° zu 10°) Reduktionswerte angegeben, die von den jährlichen Strahlungssummen bei freiem Horizont und mittlerer Trübung abzuziehen sind. Ausführliche Beschreibung mit Beispielen findet man bei KNOCH (1963).

Soweit bekannt hat erstmals GIETL (1974) bei der Kartierung von jährlichen Strahlungssummen in einem Gitterraster großräumig den Eingangsparameter »Horizontüberhöhung« für die Morgen'schen Tabellen mit EDV-Hilfe bestimmt. Ausgehend von einer Höhenmatrix erfolgte die trigonometrische Berechnung dieser Größe für jeden Sektor. Summierung der einzelnen Reduktionswerte und Subtraktion vom beeinflußten Besonnungswert liefert die potentielle punktuelle Insolation.

All diesen Verfahren, ob tabellarisch, graphisch oder mit mathematischen Berechnungen kombiniert, ist ein entscheidender Nachteil gemeinsam; sie sind nicht unmittelbar für alle zeitlich und räumlich möglichen Besonnungssituationen zur Bestimmung von Tageswerten, und damit auch von beliebigen Periodenmitteln, geeignet.

Liegen jedoch wie in der Fallstudie »Alpenpark« die Höhen über NN gerastert vor, so läßt sich für jeden Gitterpunkt ein umfassendes, nicht nur sektorielles Horizontprofil berechnen. Ob überhaupt Abschattung eintritt, wann und wie lange, ergibt sich aus dem Vergleich der Sonnenhöhe mit der jeweiligen Horizontüberhöhung. Beginn und Ende der Abschattung gehen als neue zusätzliche Integrationsgrenzen in die Berechnung der Tagesmittel ein.

4.2.1 STRAHLUNGSGEOMETRIE; HORIZONTPROFIL UND HORIZONTÜBERHÖHUNG

Das Problem der orographischen Abschattung wird in drei Schritten gelöst: Berechnung der Sonnenhöhen, Ermittlung des Horizontprofiles und schließlich Festlegung der schattenbedingten Integrationsgrenzen.

a) Sonnenhöhe als Funktion des Sonnenazimuts

Zur Ableitung und zum Verständnis nachfolgender Formeln wird in Abbildung 10 a das Himmelsgewölbe zur astronomischen Ortsbestimmung eines Fixsternes S_1 skizziert (nach TRABERT (1911). Dabei

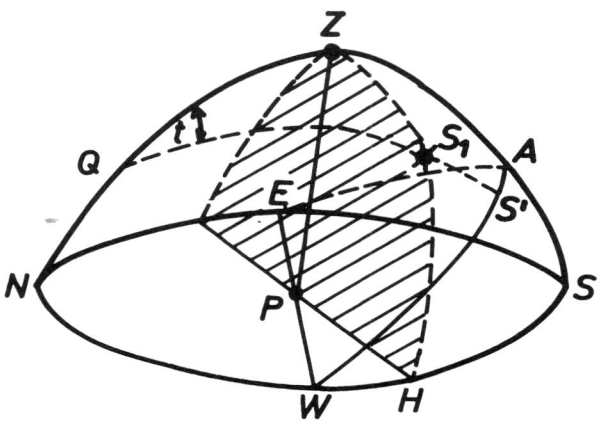

Abb. 10 a: Astronomische Ortsbestimmung - Himmelsgewölbe und Koordinatensysteme
NWSE = Horizont, P = Beobachter (= Gitterpunkt), Z = Zenit, S_1 = Sonne, Q = Himmelspol, PEAW = Himmelsäquator

ist NWSE die Horizontebene für einen Beobachter im Punkt P, Z das Zenit, Q der Himmelspol und S_1 in diesem Falle die Sonne. Eine Ebene durch P und S_1 senkrecht auf den Horizont schneidet aus der Himmelskugel den Höhenkreis ZS_1H heraus. Der Winkel HPS_1 bzw. der Bogen HS_1 wird als Sonnenhöhe h_E

über der Ebene bezeichnet. Zur eindeutigen Ortsbestimmung muß ferner noch die Lage dieses Höhenkreises bekannt sein, der Winkel also, den er mit einer Bezugsebene bildet, z. B. mit der Ebene des Meridians NZS. Diesen Winkel SPH nennt man das Sonnenazimut a (nicht zu verwechseln mit dem Hangazimut a_H!). In einem anderen Koordinatensystem mit der Ebene des Himmelsäquators PEAW anstatt der Horizontalebene als Bezugssystem repräsentiert der Bogen AS' den Stundenwinkel der Sonne t.

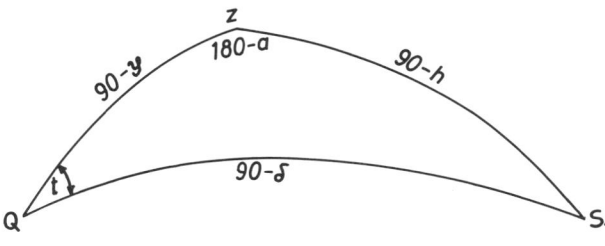

Abb. 10 b: Astronomische Ortsbestimmung – Koppelung von Horizontsystem und Festem Äquatorsystem
t=Stundenwinkel, a=Sonnenazimut, δ = Deklination, h_E = Sonnenhöhe über Ebene, φ = geogr. Breite

Greift man das sphärische Dreieck QZS_1 heraus, wird die Kopplung beider Systeme deutlich (Abb. 10 b): Es folgt unmittelbar

$$\frac{\sin t}{\sin(90-h_E)} = \frac{\sin(180-a)}{\sin(90-\delta)} \text{ usw. und daraus} \quad (9)$$

$$\sin a = \frac{\cos \delta}{\cos h_E} \cdot \sin t \quad (10)$$

$$\sin h_E = \sin \varphi \sin \delta + \cos \varphi \cos \delta \cos t, \quad (11)$$
bekannt als Gl. (3)

$$\cos a = \frac{\cos \delta \sin \varphi \cos t - \sin \delta \cos \varphi}{\cos h_E} \quad (12)$$

Aus diesen drei Gleichungen erhält man nach Umformung eine Beziehung zwischen Sonnenhöhe h_E und Azimut a, die zum Vergleich der Horizontüberhöhung in bestimmten Richtungen benötigt wird.

$$\cos h_{E_{1,2}} = \frac{-\frac{\cos a \sin \delta}{\tan \varphi \sin \varphi} + \sqrt{A - \frac{\sin^2 \delta}{\sin^2 \varphi}}}{A}$$

$$\text{mit } A = \frac{\cos^2 a}{\tan^2 \varphi} + 1. \quad (13)$$

Für die Berechnungen im Alpenpark an denselben Tagen wie in Kap. 4.1.2 wird wiederum φ generell und δ für den jeweiligen Tag konstant gehalten, wegen der Werte für die unabhängige Variable a siehe folgenden Abschnitt.

b) Horizontprofil und Horizontüberhöhung

In Abbildung 11 sind die geometrischen Verhältnisse bei Unterbrechung eines Sonnenstrahls auf einen Gitterpunkt P mit der Höhe H_P durch die Umgebung

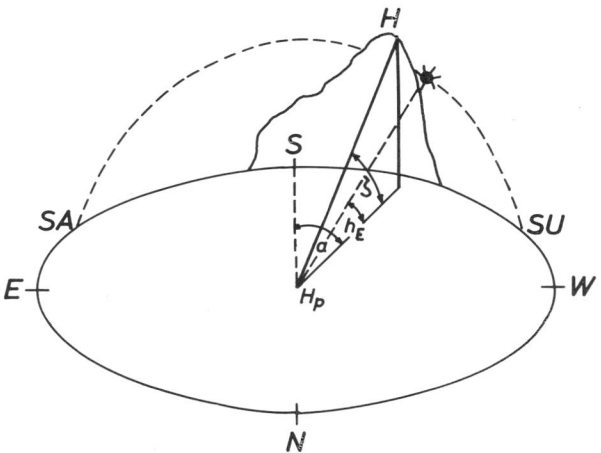

Abb. 11: Unterbrechung der Sonnenstrahlung für den Punkt P durch Horizontüberhöhung

skizziert: In einer Entfernung x liegt ein Berg mit der Höhe H, woraus sich eine Horizontüberhöhung

$$\zeta = \arctan \frac{H - H_P}{x}$$

ergibt. Ist die Höhe h_E der Sonne bei Durchgang durch das Azimut a, in dem sich der Berggipfel befinde, kleiner als ζ, so wird die ursprünglich von SA bis SU mögliche Sonnenbahn unterbrochen.

Die Berechnung der Horizontüberhöhung ζ für einen beliebigen Punkt als Funktion seiner Umgebung wird durch die Vorgabe von Höhenwerten im quadratischen Raster sehr einfach, vergleiche hierzu Abbildung 12: Auf dem Azimutstrahl a (0° = S) mit Ursprung im untersuchten Punkt ermittelt man mit einer äquidistanten Schrittweite $\triangle x$ bis hin zu einer maximalen Entfernung x(= n·$\triangle x$; n = 1,2,3 ...) die Höhen H. Bei Azimutwinkeln 0°,± 45°, ± 90°, ± 135° und ± 180° liegen sämtliche in Betracht kommenden Höhenpunkte des Rasters auf dem Strahl selbst, bei allen anderen Winkeln werden sie durch Interpolation zweier benachbarter Werte H_1 und H_2 gebildet. Bei jedem Schritt $\triangle x$ ist der Überhöhungswinkel neu zu berechnen und mit den bisher ermittelten Werten zu vergleichen. Der für das vorgegebene Azimut a ermittelte Winkel $\zeta_{Max.}$, die größtmögliche Überhöhung, wird als Funktion dieser Richtung gespeichert. Anschließend wird das Azimut um den Betrag $\triangle$ a verändert und das Verfahren wiederholt. Da die Orientierung der Verbindungslinien H_1H_2 inner-

27

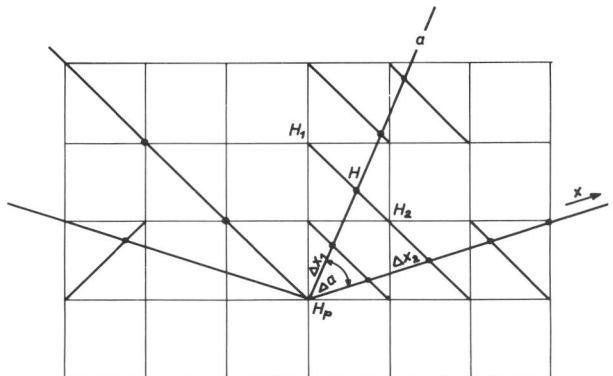

Abb. 12: Zur Berechnung der Horizontüberhöhung als Funktion des Azimuts (Erläuterung im Text)

4.2.2 BESCHATTUNGSZEITPUNKTE

Aus den Berechnungen der extraterrestrischen Bestrahlungsstärke sind für jeden Hang zu bestimmten Tagen die Stundenwinkel SA und SU bei Sonnenaufgang (A) und -untergang (U) bekannt. Über Gleichung (3) erhält man die entsprechenden Sonnenhöhen h_E für die Ebene und daraus, unter Verwendung von Gleichung (10), die zugehörigen Azimute der Sonne a'_A und a'_U. Da diese beiden Werte einmal halb eines Quadranten beibehalten wird, ändert sich je nach Lage von a die horizontale Schrittweite $\triangle x$, bleibt aber für den jeweiligen Strahl konstant. Alle anfallenden S t r e c k e n brauchen nur für einen einzigen Quadranten berechnet zu werden und sind dann auf die restlichen drei übertragbar.

Da man bei der Rasterung und damit beim Anlegen der Höhenmatrix nicht notwendig ein 200 m - Gitter verwenden muß, sind die Modellgleichungen für die Berechnung von ζ_{Max} insoweit frei in der Wahl der räumlichen Auflösung.

Ein Blick auf die topographische Karte zeigt, daß bei einem maximalen Horizontalabstand x = 2800 m diejenige Höhe miterfaßt wird, die für den jeweiligen Gitterpunkt ζ_{Max} bedingt. Da auch für einige Randbezirke des Alpenparks das Gelände bis zu dieser Entfernung abzutasten ist, muß die Höhenmatrix, wie bereits erwähnt, an den entsprechenden Stellen über die ursprünglichen Grenzen hinaus erweitert werden. Die Änderung des Azimuts ist mit $\triangle a = 10°$ so gewählt, daß einerseits das Horizontprofil noch gut aufgelöst wird, andrerseits aber Rechenzeit und damit EDV-Kosten niedrig bleiben. Mit den angegebenen Werten von x und $\triangle a$ sind für alle 11 720 Gitterpunkte des Alpenparks insgesamt etwa 15 Minuten reine Verarbeitungszeit (CPU-Zeit) zu veranschlagen, womit das Programm zur Bestimmung der Horizontüberhöhungen zum rechenintensivsten Teilstück der Untersuchung wird.

Bei der mittleren geographischen Breite des Alpenparks von $\varphi = 47.6°$ erreicht die Sonne in ihrem maximalen Tagbogen für alle Hänge Stundenwinkel bis zu $\pm 118.4°$, ausgenommen südlich orientierte Hänge, die diese Werte je nach Neigung verschieden stark unterschreiten. Daher kann man die aufwendige Berechnung von ζ_{Max} auf Azimute $a = \pm (5° + 10° \cdot k)$, $k = 0, 1, ..., 12$ beschränken. Bei der vorgegebenen Größe des Rasters schwankt damit die horizontale Schrittweite $\triangle x$ zwischen 141 m und 189 m.

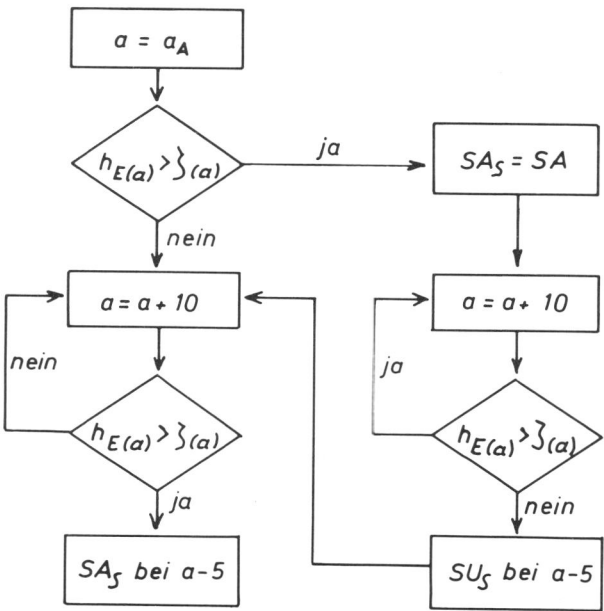

Abb. 13 a: Flußdiagramm zur Berechnung der Stundenwinkel bei Beginn und Ende orographisch bedingter Besonnung (für Azimute von $a = a_A$ bis $a = a_U - 20°$)

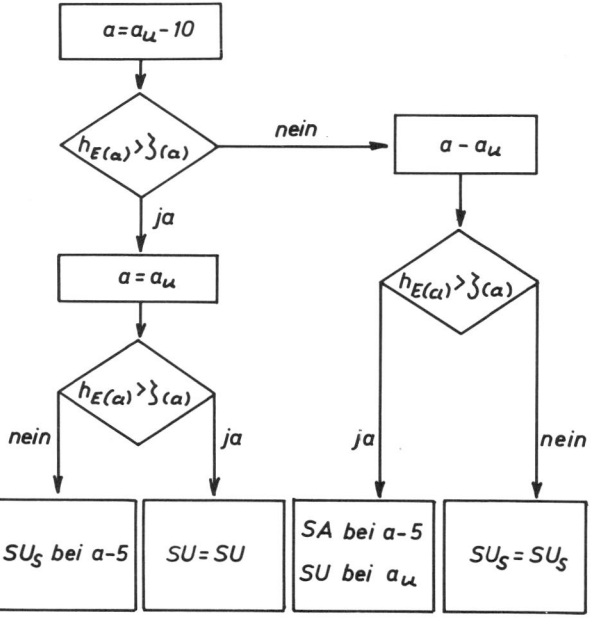

Abb. 13 b: wie 13 a, aber gültig für Azimute von $a = a_U - 10°$ bis $a = a_U$

von Hang zu Hang und dann auch jahreszeitlich schwanken und daher meist unter den t = ± 118.4° entsprechenden Grenzwinkeln a = ± 126.2° (21. Juni) liegen, werden zur weiteren Einsparung von Rechenzeit die Beschattungsverhältnisse jeweils nur im Bereich des Azimutsektors von a'$_A$ bis a'$_U$ untersucht.

Als Anfangswert a$_A$ und Endwert a$_U$ des folgenden Algorithmus werden die zu a'$_A$ und a'$_U$ nächstgelegenen festen Azimute a bestimmt, für die man ζ_{Max} und, über Gleichung (13), auch h$_E$ kennt. So beginnt man mit dem Vergleich von ζ_{Max} und h$_E$ beispielsweise bei a = a$_A$ = -85°, wenn a'$_A$ -89.9 beträgt. Die resultierende alternative Entscheidung »Sonne« - das ist der Fall, wenn h$_E$ größer als ζ_{Max} ist - bzw. »Schatten« für h$_E$ < ζ_{Max} gilt jeweils von a-5° bis a+5°, also für einen Bereich von 10°. Diese Azimute liefern über die umgeformte Gleichung (10)

$$\sin t = \sin a \cos h_E / \cos \delta \quad (14)$$

die neuen, durch Orographie der Umgebung bedingten Integrationsgrenzen SA$_S$ und SU$_S$. Anschließend folgt die gleiche Untersuchung für das nächste Azimut a = a + 10°. Das vereinfachte Flußdiagramm hierzu zeigt Abbildung 13 a, während der Algorithmus für die beiden letzten zu untersuchenden Azimute a = a$_U$ - 10° und a = a$_U$ in Abbildung 13 b dargestellt ist. Für ζ_{Max} steht jeweils nur ζ.

Als Beispiel für die relative Größe von h$_E$ gegenüber ζ_{Max} bei verschiedenen Azimuten und die daraus resultierenden Besonnungs- und Abschattungsverhältnisse (Abb. 14) wird ein NW-Hang mit 60° Neigung gewählt, für den am 21.3. ($\delta = 0°$) unter φ = 47.6° folgende Daten gelten:

SA = 10.6°, h$_E$ = 41.5°, a'$_A$ = 14,2°, a$_A$ = 15°
SU = 90.0°, h$_E$ = 0.0°, a'$_U$ = 90.0°, a$_U$ = 95°

Beim ersten untersuchten Azimut a = 15° ist ζ_{Max} < h$_E$, es findet also keine Abschattung statt und das extraterrestrische SA wird zu SA$_S$. Für a = 35° und a = 45° ist ζ_{Max} größer als h$_E$, daraus folgt Unterbre-

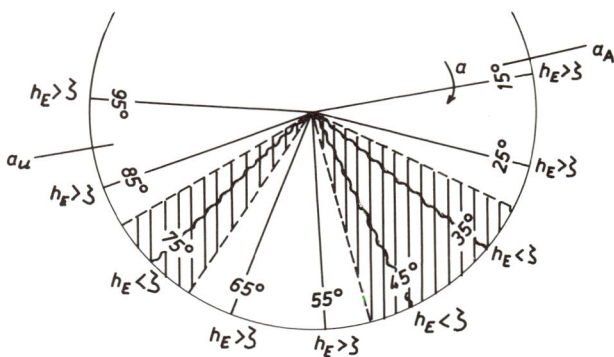

Abb. 14: Wechsel zwischen Besonnung und Schatten (Azimute nicht winkelgetreu gezeichnet!)

chung des Tagbogens der Sonne von a = 30° bis a = 50°. Ebenso ergibt ζ_{Max} > h$_E$ bei a = 75° Abschattung von a = 70° bis a = 80°.

Umrechnung dieser Grenzazimute liefert dann die orographisch bedingten Wertepaare des Stundenwinkels für Sonnen»aufgang« (SA$_S$) und -»unter-

gang« (SU$_S$), für dieses Beispiel
a) 10.6°, 23.1°   b) 41.4°, 63.8°   c) 76.6°, 90.0°.

Sind für jeden Gitterpunkt die neuen Integrationsgrenzen SA$_S$ und SU$_S$ im jahreszeitlichen Wandel bekannt, so schließt sich daran analog zu dem in Kap. 4.1 beschriebenen Verfahren die Berechnung von Tagesmitteln der Bestrahlungsstärke und daraus wiederum die von Mitteln für beliebige Zeiträume an.

Um mit Abbildung 9 - Jahresmittel, ohne Einfluß von Orographie - vergleichen zu können, zeigt nun Abbildung 15 die Verteilung der extraterrestrischen Bestrahlungsstärke unter Horizontberücksichtigung für denselben Zeitraum. Mit der verhältnismäßig groben Ausscheidung von fünf Stufen mit je 100 Wm^{-2} kommt zwar nicht so sehr das Ausmaß der Strahlungsreduzierung für jeden einzelnen Gitterpunkt mit wenigen Ausnahmen wie beispielsweise Gipfellagen zum Ausdruck (dazu wäre eine feinere Abstufung nötig, worunter aber dann die Übersichtlichkeit zu leiden hätte), doch ist der allgemeine Rückgang in der extraterrestrischen Bestrahlung des Alpenparks unübersehbar. Besonders die vorher weit verbreiteten Flächen mit Werten zwischen 200 und 300 Wm^{-2} werden stark zurückgedrängt. Von der Abschattung wird der Südteil mehr betroffen als der nördliche Bereich, was den im Süden des Alpenparks selbst zahlreicheren Gebirgsstöcken mit großen Reliefunterschieden als auch der relativen Gebietslage zum Rand der nördlichen Kalkalpen (Steinernes Meer) zuzuschreiben ist, die noch ins Untersuchungsgebiet hinein Schatten werfen können.

4.3 SONNENSTRAHLUNG IN WOLKENFREIER ATMOSPHÄRE

Entsprechend ihrer Eignung als Kriterium für die energetische Bevorzugung bzw. Benachteiligung von Geländeteilen sollten sich Unterschiede in der extraterrestrischen Bestrahlung auch auf darauf angesiedelte Biotope auswirken. Das hat u. a. MARGL (1971) in einer Untersuchung belegt, nach der sich auf aufgrund der Strahlungsintensitäten bei sonst ähnlicher Bodenbeschaffenheit eindeutige Grenzlinien zwischen bestimmten Waldgesellschaften ziehen lassen. JENIK und REJMANEK (1969) setzten die Verteilung spezieller Organismen und Ökosysteme zur Stahlungsverteilung in Beziehung und konnten damit die Eignung bestimmter Lagen für bestimmte Pflanzengesellschaften beurteilen. Umgekehrt ließen die Standorte ausgewählter Pflanzen Rückschlüsse auf die extraterrestrische Bestrahlung zu.

Mit der Berücksichtigung einer wolkenfreien Atmosphäre kann man aber noch einen Schritt weitergehen, um von der klimatologischen Seite her für solche Korrelationen noch besseres Datenmaterial zur Verfügung zu stellen. Es wurde bereits darauf hingewiesen, daß sich die Schwächung der direkten Strahlung durch Streuung und Absorption an Gasen und Aerosolen in einem bestimmten Augenblick zwar nahezu gleichmäßig auf Hänge jeder Exposition auswirkt, bei der Bildung von Mittelwerten oder

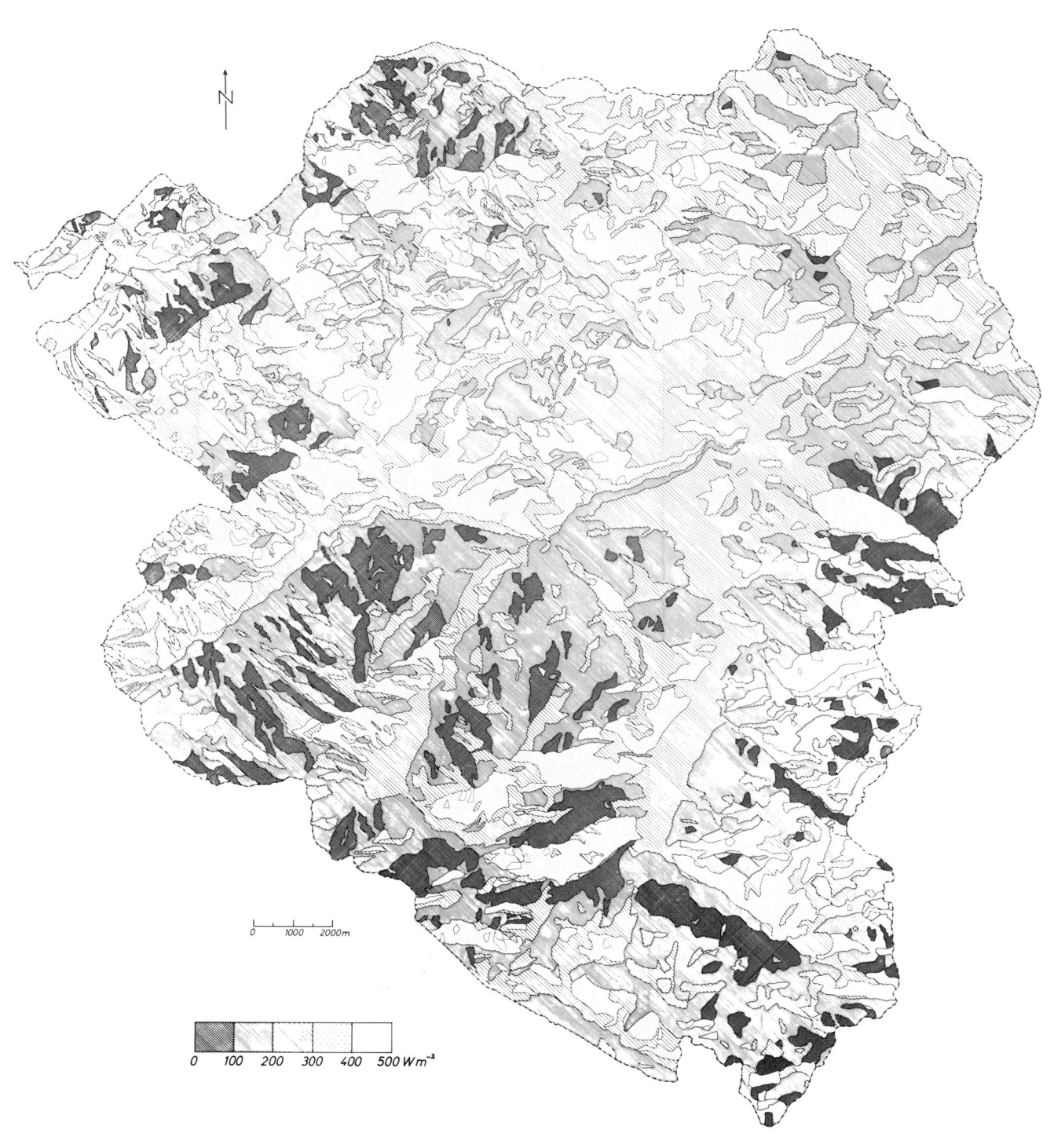

Abb. 15: Extraterrestrische Hangbestrahlung) Horizonteinengung berücksichtigt): Jahresmittel

Summen über beliebige Zeiträume kann diese Annahme jedoch zu falschen Ergebnissen und damit zu einer Verzerrung des relativen Strahlungsgenusses innerhalb eines Gebietes führen: Vergleicht man nämlich zwei Hänge, von denen der eine nur mittags kurz bei hochstehender Sonne bestrahlt wird, der andere dagegen einen längereren Zeitraum am Spätnachmittag, so können sich für beide bei entsprechender Orientierung und Neigung unter Umständen dieselben extraterrestrischen Mittel ergeben. Unter dem Einfluß der Lufthülle treten dagegen Unterschiede auf, die zunächst aus tageszeitlich verschieden langen Strahlungswegen durch die Atmosphäre resultieren, dann aber auch auf tatsächliche Änderungen in Zusammensetzung und Gehalt der schwächenden Stoffe zurückzuführen sind. Ein Beispiel dafür wird gegen Ende von Kapitel 4.3.3 mit Tabelle 9 angegeben, nachdem zunächst die Berechnungsgrundlagen erarbeitet werden.

4.3.1 TRANSMISSIONSFAKTOR

Bezeichnet I_S die am Erdboden auftreffende Sonnenstrahlung, so läßt sich die gesamte Extinktion der extraterrestrischen Strahlung I_O üblicherweise durch spezifische wellenlängenabhängige Transmissionsfaktoren q^m ausdrücken, mit denen bereits der zusätzliche Einfluß auf die Strahlungsminderung durch die Länge des optischen Weges m berücksichtigt wird:

$$I_S = I_O \cdot q_R^m \cdot q_G^m \cdot q_A^m \qquad (15)$$

Dabei stehen die Indizes R für Rayleighstreuung, G für Absorption in den Gasen und A für Streuung und Absorption im Aerosol. (Näheres über diesen und ähnliche Ansätze bei SCHULZE 1970.) q_R^m und q_G^m lassen sich durch Messungen bestimmen bzw. für bestimmte Werte der atmosphärischen Gase berechnen. Somit läßt sich aus Gleichung 15 der Transmissionsfaktor q_A^m des Aerosols ermitteln, dessen Werte sich täglich ändern können und oft einen ausgeprägten Tagesgang zeigen. Diese Änderungen beschreibt man zweckmäßig mit dem Linkeschen-Trübungsfaktor T, der besagt, um wieviel man den optischen Weg der direkten Sonnenbestrahlung gedanklich verlängern muß, um für reine Rayleighstreuung die gleiche Extinktion zu erhalten, wie sie unter Berücksichtigung aller Absorptions- und Streuvorgänge gemessen wird:

$$I_S = I_O \cdot q_R^{m \cdot T} \qquad (16)$$

Für die Modelluntersuchung »Alpenpark« ist jedoch eine Unterscheidung der einzelnen Extinktionsprozesse unerheblich; auch sind keine Vergleiche der Trübung bei verschiedenen Luftmassen oder Zenitdistanzen der Sonne beabsichtigt, wie es über den Ansatz der Gleichung 16 mit Trübungsfaktor und durchstrahlter Luftmasse möglich wäre. Da lediglich die Größe der wirklich am Boden auftreffenden solaren Strahlung von Interesse ist, wird eine auf Meßwerten I_S beruhende Formel entwickelt, die die Berechnung eines »komplexen« Transmissionsfaktors f, indentisch mit $q_R^{m \cdot T}$, aber als direkte Funktion der Tages- und Jahreszeit und, wegen der großen Höhenunterschiede im Gebirge nicht zu vernachlässigen, auch als Funktion der Seehöhe ermöglicht.

4.3.2 AUSGANGSDATEN UND REGRESSIONEN

Als Ausgangsmaterial bieten sich hierzu Werte der direkten Sonnenstrahlung bei wolkenlosem Himmel an, die STEINHAUSER (1939) für den 15. jedes Monats, gültig im Bereich der Ostalpen ($\varphi = 47°$), veröffentlicht hat. Neben Tagessummen für die Horizontalfläche sind auch Strahlungsintensitäten I_S auf eine zur Sonne normale Fläche in Schritten von 5° zu 5° für verschiedene Seehöhen z, u. a. für 500, 1000, 1500, 2000 und 3000 m, tabelliert. Dazu wurden vor- und nachmittags bei jeweils gleicher Sonnenhöhe Messungen angestellt und deren Ergebnisse gemittelt. Nachdem sich aber die entsprechenden Werte kaum voneinander unterscheiden, darf ohne weiteres Symmetrie der Intensität zum Kulminationszeitpunkt t = 0 angenommen werden.

Für die genannten Tage und dieselbe geographische Breite berechnet man ein extraterrestrisches I_E aus Solarkonstante und relativem Abstand Erde-Sonne, $I_E = I_O/R^2$. Dann ergibt sich der Transmissionsfaktor f als Maß für die Durchlässigkeit der Atmosphäre aus dem Quotienten von gemessener und berechneter Strahlung

$$f = I_S/I_E. \qquad (17)$$

abhängig von der Meereshöhe z, von der Distanz R = »Datum« und von der Sonnenhöhe h = »Tageszeit«, f = f (z,R,h).

Da beabsichtigt ist, später über den Stundenwinkel t zu integrieren, ist es vorteilhaft, die Sonnenhöhen h in entsprechende t-Werte umzuformen. Ebenso zeigt sich die Zweckmäßigkeit der Verwendung von Deklinationswerten anstatt der Distanz R. Der Aufbau der Funktion

$$f = f (z, \delta, t) \qquad (18)$$

und die Größe ihrer Koeffizienten werden mit einem multiplen Regressionsverfahren bestimmt. Die Regressionen werden der Einfachheit halber nur für positive Stundenwinkel durchgeführt und sind daher zunächst nur für den Nachmittag anwendbar.

Erste Berechnungen, ohne Trennung in verschiedene Jahreszeiten, mit Polynomen bis zum dritten Grad, ergaben noch nicht die gewünschte Genauigkeit in der Darstellung des Transmissionsfaktors. Versuche, anhand des graphischen Verlaufs einzelner Teilfunktionen, z. B. f = f(z) mit δ, t = const., Näherungsfunktionen zu bestimmen, führten wegen des jahreszeitlich verschiedenen Verhaltens zu einer Stratifizierung in zwei Datensätze »Sommer« und »Winter« mit unterschiedlichen Ansätzen für die Regressionsgleichungen. Unter dem Gesichtspunkt, möglichst hohe Korrelationskoeffizienten zu erhalten, erweist sich unter allen getesteten Regressionsmodellen folgende Einteilung als die beste:

Sommer (15.2. - 15.10.)
    mit ln z, t^2, δ, $z \cdot \cos t$, $\delta \cdot \cos t$,

Winter (15.10. - 15.2.)
    mit ln z, t^2, δ^2, $z \cdot t$, $\delta^2 \cdot t$

als unabhängige Variable. Die beiden Mischglieder erlauben eine genauere Nachbildung des nach Höhe und Jahreszeit unterschiedlichen Tagesganges von f. Damit ergeben sich für den Transmissionsfaktor f_S

der Sommer- bzw. f_W der Wintermonate die Gleichungen

$$f_S = 0.76823 + 0.13394 \cdot \ln z - 0.60859 \cdot 10^{-4} \cdot t^2$$
$$+ 0.81948 \cdot 10^{-2} \cdot \delta - 0.03612 \cdot z \cdot \cos t \quad (19\,a)$$
$$- 0.74843 \cdot 10^{-2} \cdot \delta \cdot \cos t$$

$$f_W = 0.72434 + 0.08054 \cdot \ln z - 0.76197 \cdot 10^{-4} \cdot t^2$$
$$+ 1.79120 \cdot 10^{-2} \cdot \delta^2 + 0.64595 \cdot 10^{-3} \cdot z \cdot t \quad (19\,b)$$
$$- 0.02645 \cdot 10^{-4} \cdot \delta^2 \cdot t$$

z ist in km, t und δ in Grad anzugeben. Die zugehörigen Korrelationskoeffizienten betragen $r_S = 0.979$ und $r_W = 0.986$.

4.3.3 ANWENDUNG AUF TAGES- UND JAHRESMITTEL

a) Integrationsvorschriften

Nachdem eine über den Stundenwinkel t integrierbare Funktion für den Transmissionsfaktor zur Verfügung steht, bereitet die Berechnung von Tagesmitteln $I_{d,f}$ der direkten Sonnenstrahlung unter Atmosphäreneinfluß keine grundsätzlichen Schwierigkeiten mehr:

$$I_{d,f} = \frac{I_o}{2\pi R^2} \cdot \int_{SA_S}^{SU} \sin h \cdot f \cdot dt \quad (20)$$

Zusätzlicher Überlegung bedarf es jedoch, um die Integration auch für die Vormittagsstunden durchführen zu können, wo der Stundenwinkel laut Definition negativ ist, der Transmissionsfaktor aber für zu t = 0 symmetrische Zeitpunkte gleich groß sein muß. Während das bei f_S durch cos t und t^2 bereits der Fall ist, sind die mit dem Faktor t versehenen Glieder von f_W so zu behandeln, als ob in der zugehörigen Regressionsgleichung (19b) |t| anstatt t stehen würde. Schreibt man für sin h wie in Gl. (5) die vereinfachte Form

$$\sin h = A + B \cos t + C \sin t \quad (21)$$

sowie für f_W

$$f_W = D + E \cdot t^2 + F \cdot t, \quad (22)$$

mit $D = c_0 + c_1 \cdot \ln z + c_3$, $E = c_2$, $F = c_4 \cdot \delta^2 + c_5 \cdot z$, so hat man also nur bei Integration der durch Multiplikation sin h·f_W entstehenden Terme AF·t, BF cos t·t und CF sin t·t zwei Fälle zu unterscheiden:

a) $SA_S < 0$, $SU_S < 0$ $\rightarrow$ $-\int_{SA_S}^{SU_S}$

b) $SA_S < 0$, $SU_S > 0$ $\rightarrow$ $\int_0^{SU_S} - \int_{SA_S}^{0}$

Bei Integration über negative Stundenwinkel sind diese Einzelintegrale demnach mit -1 zu multiplizieren, bei negativem Sonnenaufgang, positivem Sonnenuntergang ist die Zerlegung in zwei Teilintegrale erforderlich. Alle übrigen Glieder werden von $t_1 = SA_S$ bis $t_2 = SU_S$ integriert.

b) Anwendungsbereich der Funktionen f_W und f_S

Im Unterschied zu den zu Steinhauser für den 15. jedes Monats angegebenen Meßwerten wird die Berechnung der Tagesmittel an den bereits in Kapitel 4.1 festgelegten Terminen im Abstand von 10 Tagen vorgenommen. Da die Meßergebnisse des 15. Februar und 15. Oktober jeweils für beide Regressionen des Transmissionsfaktors verwendet worden sind, könnte man den Gültigkeitsbereich von f_W und f_S innerhalb eben dieser Grenzen definieren. Um aber einen möglichst stetigen Übergang zwischen »Sommer« und »Winter« zu erreichen, wird zwar der 15.10. als Trennstelle beibehalten, f_W aber über den 15.2. hinaus benutzt. Die Begründung dafür ist aus Abbildung 16 ersichtlich, in der der Jahresgang der ge-

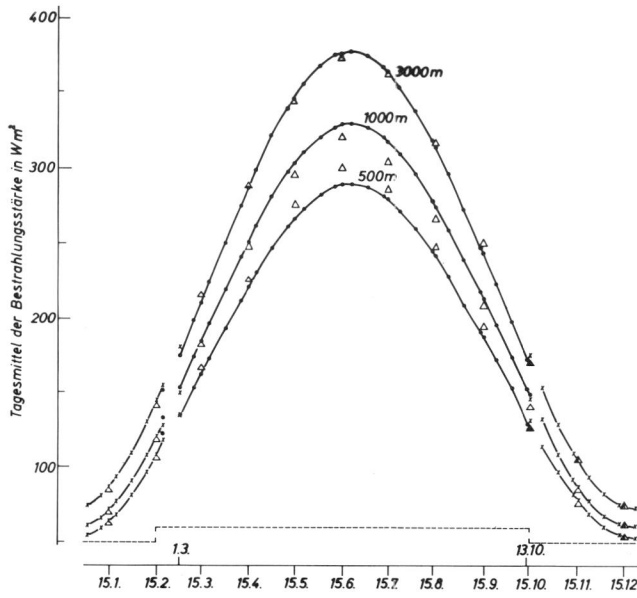

Abb. 16: Vergleich von gemessenen ($\triangle$) und über f_W (x) bzw. f_S ($\bullet$) berechneten Tagesmitteln der solaren Bestrahlungsstärke einer horizontalen Oberfläche in drei Seehöhen. Strichliert (---) der Zeitbereich, aus dem die beiden Regressionen stammen.

schwächten Sonnenstrahlung durch 36 Tagesmittel für die beiden extremen Höhen 500 und 3000 m sowie für 1000 m - entspricht etwa der mittleren Höhe des Alpenparks - dargestellt wird. Die Werte um die kritischen Termine 15.2. und 15.10. sind jeweils mit f_W und f_S ermittelt. Legt man also für die Berechnung des Transmissionsfaktors fest

f_W vom 23.10. bis 19.2.,
f_S vom 1.3. bis 13.10.,

so erzielt man im Mittel über a l l e Höhen die besten Übergänge. Gleichzeitig erhält man Symmetrie zum 21.6., was bei der Berechnung von Tagesmitteln des zweiten Halbjahres eine erhebliche Ersparnis an Rechenzeit mit sich bringt (siehe Kap. 4.1.2).

Zur Verdeutlichung, inwieweit mit oder trotz dieser »Kunstgriffe« die realen Meßwerte nachgebildet werden, sind die entsprechenden Berechnungen auch für die Monatsmitten durchgeführt und in Abbildung 16 miteingefügt. Abweichungen gibt es vor allem in den Sommermonaten für 1000 m und 3000 m; teils

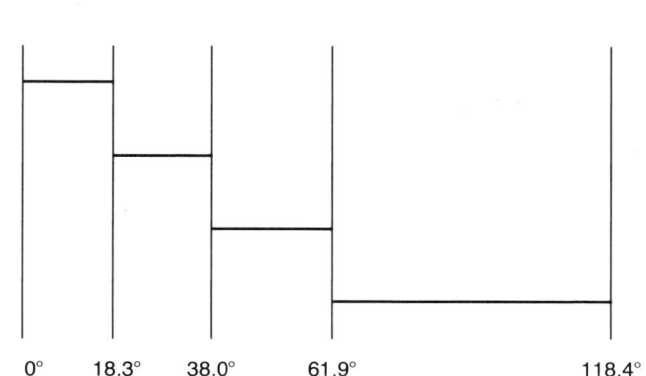

Besonnungszeit (Stundenwinkel)	Tagesmittelwerte (Wm^{-2})		
	extra-terrestrisch	»terrestrisch« 500 m NN	3000 m
	61.9	41.5	50.9
	61.9	40.1	50.1
	61.9	36.6	47.8
	61.9	26.6	40.6

Tab. 9: Tagesmittel der extraterrestrischen sowie der »terrestrischen« Bestrahlungsstärke für unterschiedliche Besonnungszeiten und -dauer in verschiedenen Seehöhen; horizontale Empfangsfläche, 21. Juni

werden die Meßwerte unterschätzt, teils überschätzt. Der größte relative Fehler von 6.9 % für alle fünf Meßhöhen, nicht nur der drei dargestellten, tritt am 15.10. in der Höhe z = 1000 m auf.

c) Tages- und Jahresmittel

Da die Vergleichsmessungen wie erwähnt Gültigkeit für die Ostalpen haben, unterliegt die Anwendung der Transmissionsgleichungen auf die Strahlungsverhältnisse im Gebiet des Alpenparks keinerlei Einschränkungen. Wird jedoch beabsichtigt, mit dieser Methode die direkte Sonnenstrahlung quantitativ für Industrie- oder Ballungsräume zu ermitteln, müssen sich die Regressionen auf andere entsprechende Meßreihen stützen.

Sonnenaufgangszeiten und -untergangszeiten sowie alle anderen zur Berechnung von Tagesmitteln erforderlichen strahlungsgeometrischen Parameter sind bereits bekannt (hier: Hänge mit Azimutauflösung $\triangle a_H = 10°$), Interpolation auf einen Abstand von 5 Tagen und daran anschließende Mittelbildung für beliebige Zeiträume wird analog zu Kap. 4.1.1 vorgenommen. Zunächst aber soll durch zahlenmäßige Vergleiche zu extraterrestrischen Bestrahlung der Einfluß der Atmosphäre auf Unterschiede in der solaren Strahlung bei der Bildung von Tagesmitteln verdeutlicht werden.

Tabelle 9 zeigt Mittelwerte für eine horizontale Empfangsfläche am 21. Juni, die »terrestrischen« Werte nach Durchgang durch die Atmosphäre sind für die extremen Niveaus 500 m und 3000 m NN angegeben. Die Lage von Sonnenaufgang und -untergang ist so gewählt, daß sich für vier verschieden lange Besonnungsituationen zu unterschiedlichen Tageszeiten jeweils gleichgroße extraterrestrische Tagesmittel ergeben. Demgegenüber betragen die terrestrischen Werte bei Einstrahlung von wahrem Mittag (t = 0°) bis t = 18.3° in 500 m Höhe nur mehr 67 % (3000 m : 82 %), die sich bei Verlängerung und gleichzeitiger Verschiebung der Besonnungszeit gegen Abend hin über 65 % und 59 % auf 43 % des extraterrestrischen Betrages verringern (3000 m: 81 %, 77 %, 66 %).

Dieses Beispiel zeigt, wie mit wachsender Seehöhe die Transmission der Atmosphäre infolge Abnahme der durchstrahlten Luftmasse und Verringerung der Trübungsstoffe zunimmt. Gleichzeitig schwächt sich ihr in niedriger Höhe noch ausgeprägter Tagesgang ab: Bezieht man die letzte Zeile der angegebenen terrestrischen Werte jeweils auf die Tagesmittel bei Besonnung von t = 0° bis t = 18.3°, so erhält man für das Mittel bei Einstrahlung ab Spätnachmittag (t = 61.9°) in 500 m NN nur noch 64 %, in 3000 m dagegen noch etwa 80 %.

In diesem Zusammenhang ist ein Vergleich von extraterrestrischen und terrestrischen Gebietstagesmitteln, bezogen auf die Fläche des Alpenparks, angebracht. Für ausgewählte Tage, so für den 22.12., den 21.3. und den 21.6. errechnen sich die terrestrischen Mittel zu 45, 160 und 267 Wm^{-2}. Aus dem Unterschied zu den extraterrestrischen Werten, ebenfalls mit Horizontüberhöhung, von 80, 240 und 381 Wm^{-2} an den gleichen Tagen geht hervor, daß im Laufe eines Halbjahres die Verminderung des mittleren solaren Strahlungsgenusses des Alpenparks durch eine wolkenfreie Atmosphäre im Dezember etwa 44 % beträgt, um über 33 % im März ein Minimum von 30 % im Juni zu erreichen. Diese Zunahme der Transmission gibt nochmals zu der Feststellung Anlaß, daß daraus keine Schlüsse für eine sommerliche Reduzierung des Trübungsgrades der Atmosphäre gezogen werden dürfen. Im Gegenteil, der Linke'sche Trübungsfaktor, den man als relatives Maß dafür heranzuziehen hat, weist nach STEINHAUSER in allen Seehöhen der Ostalpen im Juli ein Maximum auf.

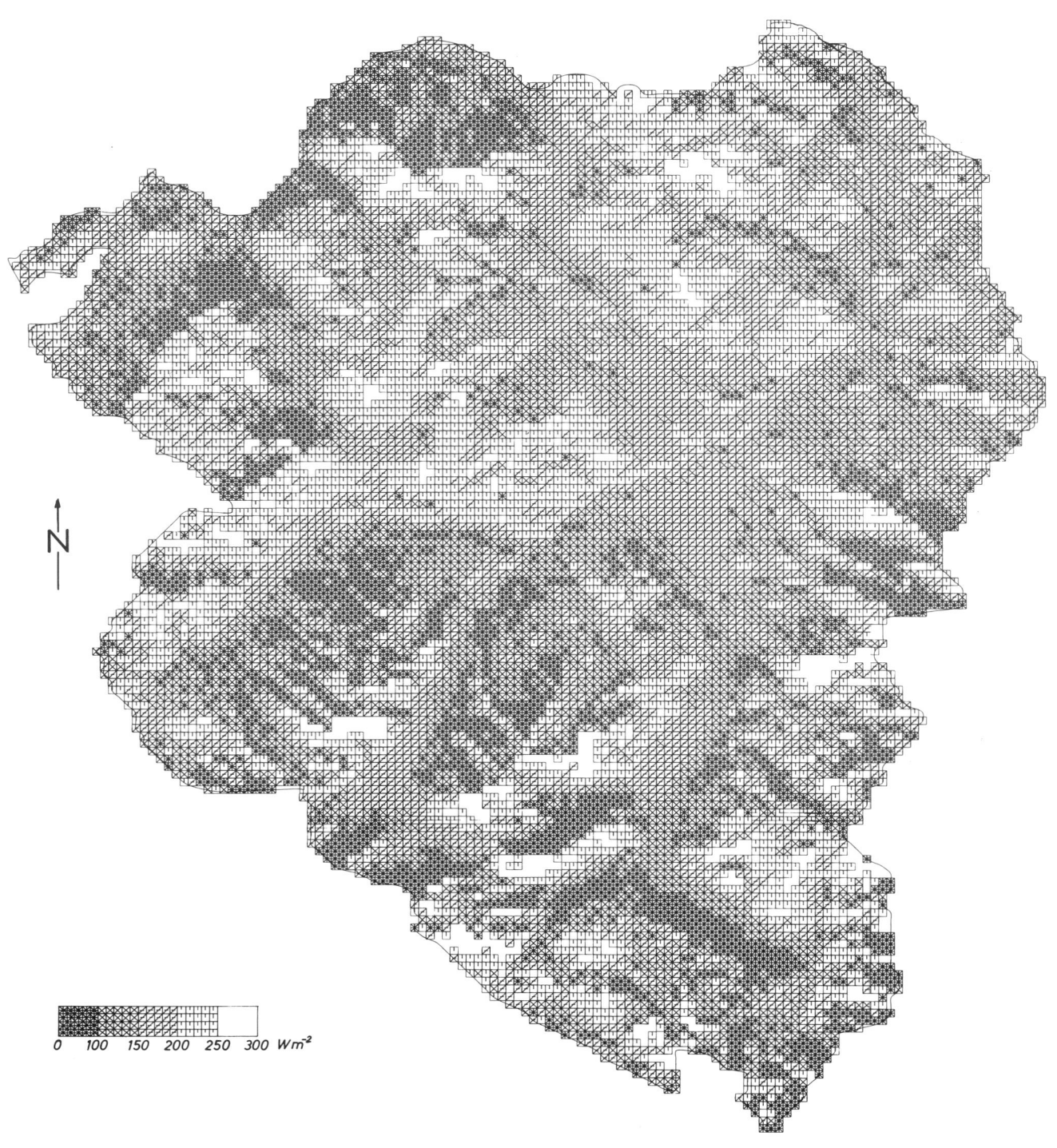

Abb. 17: Solare Hangbestrahlung in wolkenloser Atmosphäre: Jahresmittel

d) Jahresmittel

Abbildung 17 zeigt die Verteilung von J a h r e smittelwerten der direkten Strahlung unter Berücksichtigung von wolkenfreier Atmosphäre und orographischer Abschattung. Für diese Karte wurde eine Rasterdarstellung gewählt und jedem Einheitsquadrat von 0.04 km^2, das ein Gitterpunkt repräsentiert, ein der Bestrahlungsstärke entsprechendes Symbol zugeordnet: Je heller die Fläche, desto mehr Strahlung erhält sie. Die relative Häufigkeit der ausgeschiedenen fünf Stufen von 0-99, 100-149, 150-199, 200-249 und 250-299 Wm^{-2} beträgt, 18, 25, 29, 22 und 6 %. Ein einziger Punkt liegt mit 304 Wm^{-2} knapp oberhalb der Skala, das Minimum wurde zu 1.3 Wm^{-2} berechnet. Der Unterschied gegenüber der Karte der extraterrestrischen Jahresmittel (Abbildung 15) liegt weniger in einer qualitativ anderen flächenmäßigen Verteilung als vielmehr in einer generellen Reduzierung der Bestrahlungsstärke.

5. Potentielle Besonnungszeiten

Mit den Formeln zur Berechnung der Intensität der direkten Sonnenstrahlung sind aber noch nicht alle Möglichkeiten ausgeschöpft, die sich über diese Gleichungen zur Bestimmung von Klimaparametern bieten. Zählen auch die beiden im folgenden beschriebenen Faktoren »Licht und Schatten« sowie »Sonnenscheindauer« nicht im klassischen Sinn zu den Energiegrößen, so sind sie doch eng damit verknüpft und werden daher an dieser Stelle sinnvoll zwischen Strahlung und Lufttemperatur behandelt.

5.1 LICHT UND SCHATTEN

Die Berechnung von räumlicher und zeitlicher Verteilung von Licht und Schatten und die damit verbundene mögliche Kartierung dieser Größe ohne aufwendige Geländearbeit bietet eine Vielfalt von Anwendungsbereichen für die Praxis. Vorteilhaft können Darstellungen, wie sie nachstehend erarbeitet werden, insbesondere für die Regionalplanung sein, wenn Fragen der Anlage von Erholungsflächen, Neuplanung oder Ausweitung von Skiabfahrten, Trassierung von Wanderwegen und ähnliches mehr angeschnitten werden. Ebenso lassen sich in Land- und Forstwirtschaft Verwendungsmöglichkeiten finden, z. B. zur Feststellung theoretischer Frostwechselhäufigkeiten im Winter (TURNER, 1966), oder zur Lawinenvorhersage infolge sich ändernder Schneebeschaffenheit.

Mit der Berechnung der Auf- und Untergangszeiten der Sonne, für viele Gitterpunkte infolge von Horizontüberhöhungen auch mehrfach täglich eintretend, sind bereits die wesentlichen Vorarbeiten geleistet (Kap. 4.2.2). Die dabei gewonnenen Datenpaare SA_S und SU_S sind als Stundenwinkel gespeichert und jederzeit abrufbereit. Um nun für einen beliebigen Gitterpunkt des Alpenparks die Besonnungs- bzw. Schattenverhältnisse im Laufe eines Tages festzustellen, sind die einer bestimmten Tageszeit entsprechenden Stundenwinkel vorzugeben. Liegen sie zwischen je zwei aufeinanderfolgenden SA_S und SU_S, bescheint die Sonne zu dieser Zeit den Hang, liegen sie zwischen SU_S und SA_S, wird die Sonne abgedeckt; Schlagschatten tritt auf.

Alle Zeitangaben werden auf Mitteleuropäische Zeit (MEZ) bezogen, die in der Praxis zur Tageseinteilung benutzt wird. Da über den Stundenwinkel nach Definition erst die wahre Sonnenzeit (Ortszeit) ausgedrückt wird, ist durch Anbringen der Zeitgleichung zunächst die mittlere Ortszeit (MOZ) zu ermitteln und dann die Zeitabweichung gegenüber MEZ zu berücksichtigen, die sich aus dem geographischen Längenunterschied zum Bezugsmeridian $\lambda = 15°E$ ergibt (Beschreibung dieser Verfahren in astronomischen Hand- und Lehrbüchern, so TRABERT (1911), v. HOERNER et. al. (1964) u. a.) Für das Zentrum des Alpenparks ($\varphi = 47,6°$, $\lambda = 13,0°$) beträgt diese Abweichung 8 min., die Zeitgleichung wird aus Unterlagen berechnet, die von der Sternwarte der Ludwig-Maximilians-Universität für die astronomischen Verhältnisse des Jahres 1966 zur Verfügung gestellt wurden, jedoch könnte man sich auch auf entsprechende Veröffentlichungen in Tabellenform stützen, z. B. LANDOLT-BÖRNSTEIN (1952). Der Einfluß der Refraktion bleibt weiterhin unberücksichtigt.

Am 21. März, auf dessen vormittägliche Beschattungsverhältnisse sich die Momentaufnahmen der Abbildungen 18a-d beschränken, ist um 12^{15} MEZ wahrer Mittag, also Kulmination. Um 12^{00} MEZ, bei einer Änderung um 15° pro Stunde, beträgt der Stundenwinkel der Sonne demnach -3.75°. Für die zusätzlichen Uhrzeiten 7^{30}, 9^{00} und 10^{30} MEZ sind also die Winkel -71.75, -48.75 und -26.25 hinsichtlich ihrer Lage zu SA_S und SU_S zu untersuchen. Bei Angabe so genauer Winkel sind wir uns aber sehr wohl früherer Vereinfachungen bewußt, die wir beispielsweise bei der Bestimmung der SA_S und SU_S auf ± 5° vorgenommen haben. Es darf jedoch nicht außer acht gelassen werden, daß hier nur grundsätzliche, nachvollziehbare Methoden beschrieben werden.

Mit der Entscheidung, ob Sonne oder Schatten, wird jedem Gitterpunkt zur Kartierung ein Weiß- bzw. Schwarzwert zugeordnet. Im Verlauf dieses Vormittags erkennt man deutlich die Abnahme und Wanderung der Schattengebiete: Während zu Anfang noch rund 55 % des Alpenparks im Schatten liegen, verringert sich die nicht bestrahlte Fläche im Laufe der Zeit auf zunächst 26 %, dann auf etwa 14 %. Mittags liegen bereits 91 % im Sonnenlicht.

Bei ausreichender zeitlicher Auflösung läßt sich tages- oder jahreszeitlicher Wandel der Beschattungsverhältnisse wie in einem Film verfolgen.

5.2 SONNENSCHEINDAUER

Neben den Momentaufnahmen der Verteilung von Licht und Schatten ist auch die bereits angesprochene Sonnenscheindauer als Summe aller Besonnungszeiten einer bestimmten Periode kartierbar. Obwohl nur die maximal mögliche, also astronomisch- und reliefbedingte Andauer o h n e den Einfluß der Bewölkung berechnet werden kann, gibt ihre Darstellung wiederum relative Bewertungskriterien für ein Gelände, vergleichbar der extraterrestrischen Bestrahlungsstärke.

Nach den bereits geleisteten Vorarbeiten ist ihre Bestimmung sehr einfach: Im betreffenden Zeitraum werden die zwischen je zwei aufeinanderfolgenden Auf- und Untergangszeiten SA_S und SU_S der Sonne

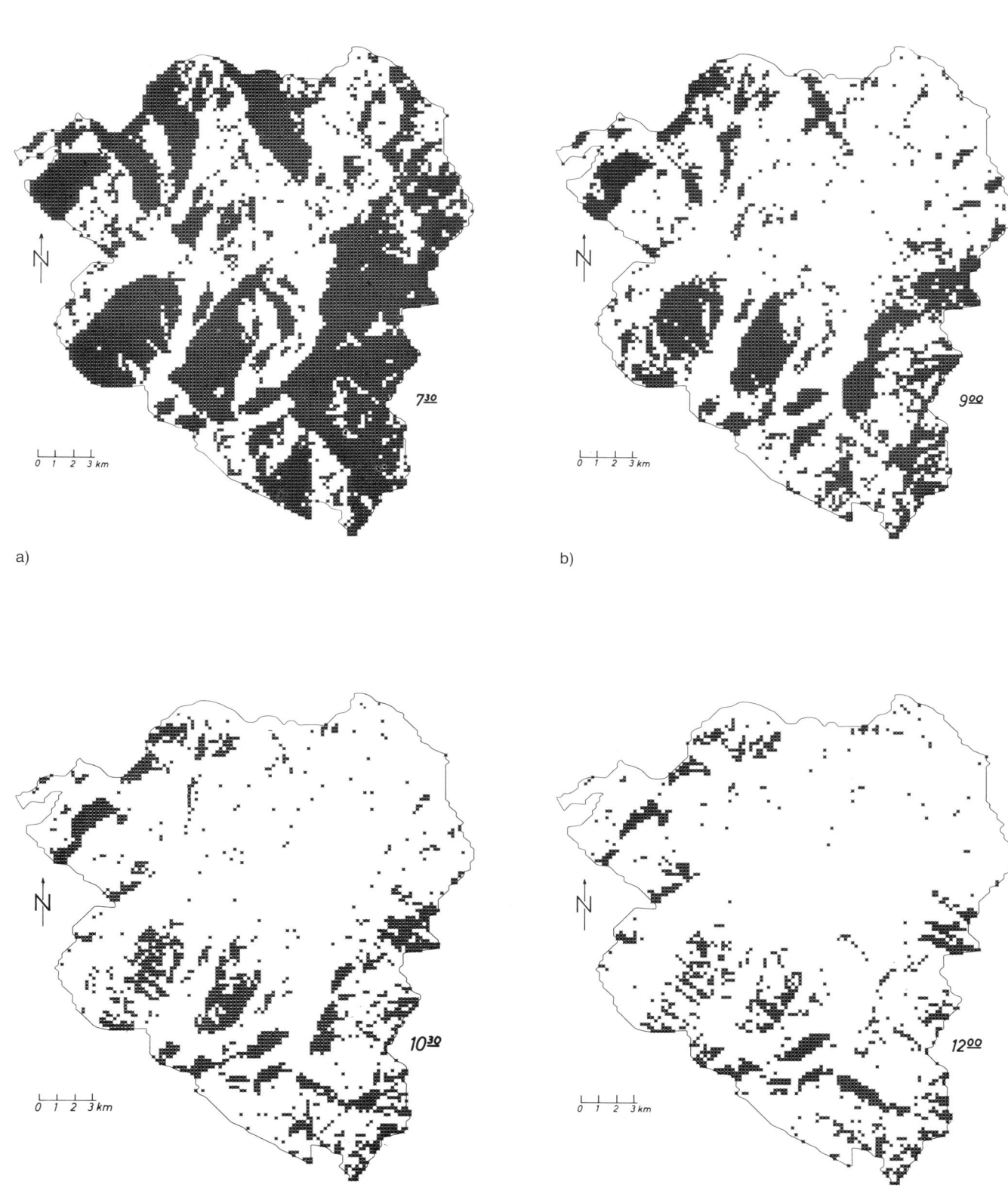

Abb. 18: Potentielle Besonnung ☐ und Abschattung ■ für den
21. März;
a) 7³⁰ Uhr; b) 9⁰⁰ Uhr; c) 10³⁰ Uhr; d) 12⁰⁰ Uhr
alle Zeitangaben in MEZ

verstreichenden Stundenwinkel aufaddiert, ihre Summe durch den Umrechnungsfaktor Winkel/Stunde = 15 dividiert.

Als Beispiel werden die Andauerisolinien 2.5, 5, 7.5 und 10 Stunden am 21. März kartiert (Abbildung 19). Sonnenaufgang für die Ebene ist um 6^h wahrer Ortszeit, Untergang um 18^h, die maximale Sonnenscheindauer beträgt also 12 Stunden. Das Bild zeigt, daß vor allem der Nord- und Nordostteil des Alpenparks mit 10 und mehr Stunden diesem Grenzwert nahekommt. Südlich etwa der Ramsauer Ache (in Bildmitte zu denken), wo mit Watzmann, Hochkalter und Steinernem Meer die orographische Abschattung verstärkt Einfluß gewinnt und, mit Ausnahme des Königssees, kaum mehr ebene Flächen anzutreffen sind, haben dagegen weite Bereiche weniger als 5 oder gar 2.5 Stunden Sonne. Ebenso liegen die Nordabhänge von Reiteralpe und Predigtstuhl im Nordwesten wesentlich unter dem Gebietsdurchschnitt, der am 21.3. etwa 8 Stunden beträgt. Dieser Wert scheint für die Geländestruktur des Alpenparks sehr hoch zu sein, andrerseits erreicht die Sonne an diesem Tag bei Kulmination bereit eine Höhe von 42.4° (über Ebene); um 7^h wahrer Ortszeit sind es schon 10°, um 8^h 19.7° und um 9^h 28.5°.

6. Lufttemperatur

Größe und Verteilung der bisher behandelten energetischen Parameter lassen sich aus einfachen geometrischen und trigonometrischen Überlegungen ableiten. Einzige Ausnahme bildet der Transmissionsfaktor zur Simulation einer Atmosphäre, dessen räumliche und zeitliche Variation mit Hilfe elementar-statistischer Ausgleichsfunktionen modelliert wird. Solche Methoden müssen überall da angewendet werden, wo entweder die physikalischen Gleichungen noch nicht bekannt sind oder wo man komplexe Zusammenhänge vorteilhaft als Funktion einiger weniger, aber »einflußreicher« Parameter ausdrücken will.

So wird beispielsweise die L u f t t e m p e r a t u r, primär eine Folge der zugestrahlten Sonnenenergie, räumlich und zeitlich durch eine Vielzahl von Faktoren modifiziert, z. B. durch Bewölkung, Advektion und Konvektion, Albedo und Wärmeleitfähigkeit der obersten Bodenschicht und der Vegetation, Verdunstung, Meereshöhe und Topographie des Geländes. Zwar sind die funktionalen Zusammenhänge mit diesen teilweise selbst recht komplexen Größen generell geklärt, doch bereitet deren Parametrisierung verschiedentlich noch erhebliche Schwierigkeiten. Zur Zeit ist man daher nicht in der Lage, die Lufttemperatur über eine physikalische Gleichung, in die alle maßgeblichen Faktoren eingehen, zu berechnen. Hier muß man also wieder zu statistischen Methoden übergehen, um auf der Basis von Meßwerten Aussagen über diesen Parameter machen zu können. Dabei stehen weniger z e i t l i c h rasche Temperaturänderungen im Vordergrund topoklimatologischer Untersuchungen als vielmehr die Erarbeitung der r ä u m l i c h e n Verteilung von Mittelwerten über bestimmte Zeiträume.

Geht man davon aus, daß im alpinen Bereich lokale Unterschiede von langfristigen Temperaturmitteln überwiegend auf Höhendifferenzen zurückgeführt werden können - diese Annahme wird im folgenden für J a h r e smittel bestätigt -, so lassen sich aus Meßwerten an diskreten Punkten eines räumlich begrenzten Gebietes die dafür charakteristischen mittleren vertikalen Temperaturgradienten berechnen und damit die Isothermen als Funktion der Seehöhe darstellen.

Im Alpenpark selbst liegen nur von vier Stationen, nämlich von Berchtesgaden, Reichenhall, vom Untersberg und vom Jenner Mittelwerte über längere Zeiträume, hier die Normalperiode 1931-60, vor (DWD, 1976).

Diese wenigen Meßpunkte erlauben noch keine eindeutigen Angaben über die Temperaturverteilung, weitere Stationen aus der Umgebung sind heranzuziehen. Beschränkt man sich bei ihrer Auswahl auf das Gebiet von $\varphi = 47°$ bis $48°N$, also auf je $0.5°$ nördlich und südlich des Alpenparks, so dürfen deren Jahresmitteltemperaturen mit verwendet werden, um im eigentlichen Untersuchungsgebiet den Verlauf der Jahresisothermen als einer charakterstischen Klimagröße zu konstruieren: Nach FLIRI (1975) ändert sich der vertikale Temperaturgradient auf der Basis von Beobachtungen in ganz Tirol nur geringfügig mit der geographischen Breite, im langjährigen Mittel (1931-1960) beträgt er etwa 15 km nördlich bis 15 km südlich des Alpenparkszentrums 0.46°C/100 m. Weitere 30 km südlich ist ein Anstieg auf 0.49° C/100 m zu beobachten, während der Alpenhauptkamm rund 0.53°/100 m aufweist (Werte gültig für den Höhenbereich zwischen 500 m und 2000 m NN). Von den Stationen, die zwischen 47° und 48°N bzw. 12.5° und 13.5°E bestehen, werden nur diejenigen zusätzlich berücksichtigt, die über 400 m Seehöhe liegen und ebenfalls Mittelwerte der Periode 1931 - 1960 (STEINHAUSER, -) angeben, dreizehn an der Zahl.

Insgesamt stehen damit 17 Stationen − geographische Lage in Abbildung 20 − zur Verfügung, um die Abhängigkeit der Jahresmitteltemperatur t von der Seehöhe z angeben zu können. Diese beiden Parameter sind mit $r = 0.984$ sehr hoch korreliert, so daß bereits die lineare Gleichung

$$t = 10.29 - 0.47 \cdot z \qquad (23)$$

97 % der beobachteten Temperaturunterschiede mit der Variation der Seehöhe erklärt (Standardfehler

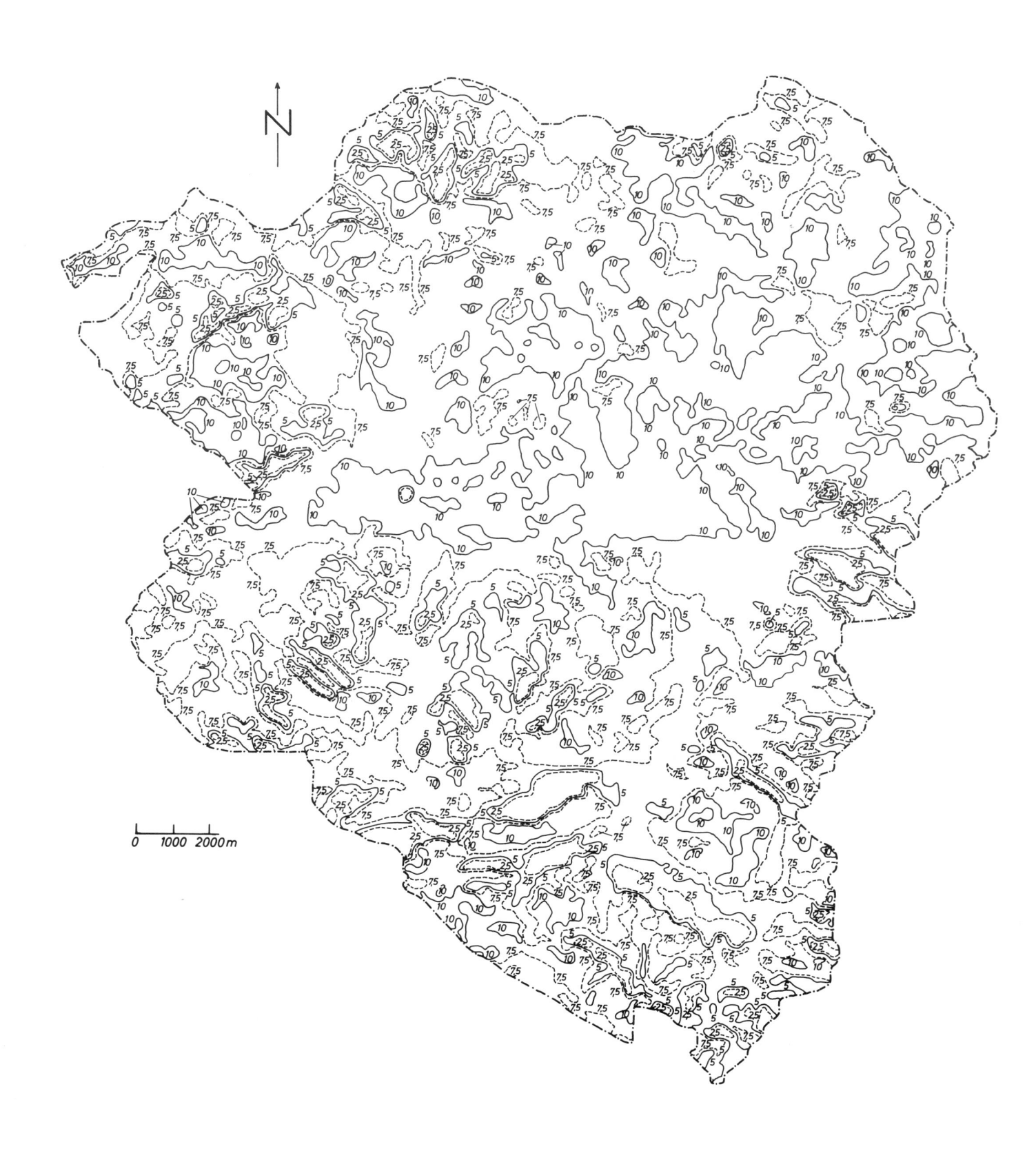

Abb. 19: Potentielle Sonnenscheindauer (in Stunden): 21. März

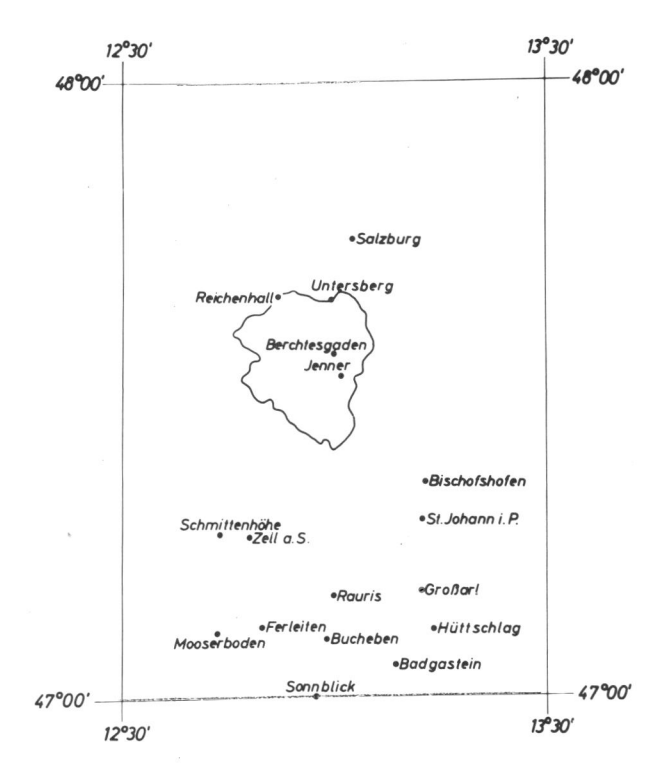

Abb. 20: Geographische Lage ausgewählter Temperaturmeßstellen des Ostalpenraumes

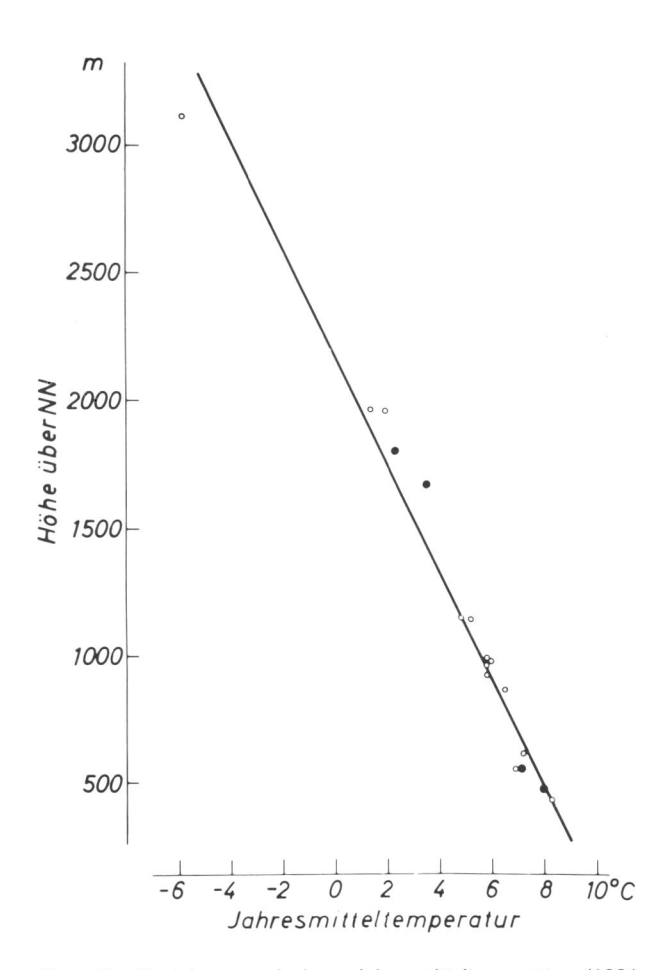

Abb. 21: Beziehung zwischen Jahresmitteltemperatur (1931-1960) und Seehöhe; Station innerhalb (•), außerhalb (°) des Alpenparks

0.6°C). Um die Temperatur in °C zu erhalten, ist die Höhe in Hektometern einzusetzen. Die Lage der einzelnen Stationen in einem t-z Diagramm und die berechnete Ausgleichsgerade zeigt Abbildung 21, die Meßwerte aus dem Alpenpark selbst sind als ausgefüllte Punkte hervorgehoben. Der Temperaturgradient von 0.47°C/100 m paßt sehr gut zu den von FLIRI angegebenen Werten.

Die noch unerklärte Restschwankung von 3 % wäre vielleicht noch weiter zu verbessern, berücksichtigt man den Aufstellungsort der Meßgeräte im Gelände, doch ist für eine statistisch haltbare Aussage das Datenmaterial nicht ausreichend. Andrerseits geht aus dreijährigen Temperaturbeobachtungen in der Nähe Innsbrucks hervor, daß zwischen Nord- und Südhängen im Jahresmittel keine wesentlichen Temperaturunterschiede auftreten, während Verebnungen am Berghang von seichten Kaltluftseen bedeckt sein können (INNEREBNER, 1933). In einer unveröffentlichten Bearbeitung von Schweizer Meßdaten kommt BAUMGARTNER zu ähnlichen Ergebnissen, die Temperaturdifferenzen verschiedener Hangazimute betragen nur wenige Zehntelgrad.

Durch Anwendung der Gleichung 23 auf das Isohypsenbild ergibt sich der Verlauf der Jahresisothermen. Kartiert sind in Abbildung 22 die Werte 7.5, 5, 2.5 und 0°C. Die Nullgrad-Grenze liegt im langjährigen Mittel bei rund 2200 m. Eine zusätzliche Isotherme für beispielsweise - 1°C (bei z = 2400 m) einzuzeichnen, ist wenig sinnvoll, da über 2400 m nur noch 73 Gitterpunkte oder 0.6 % der Rasterfläche des Alpenparks zur Verfügung stehen.

Das Maximum, bei 470 m NN, beträgt 8.1°C, das Minimum für z=2630 m - 2.1°C. Für den Watzmanngipfel (2713 m) erhielte man -2.5°C.

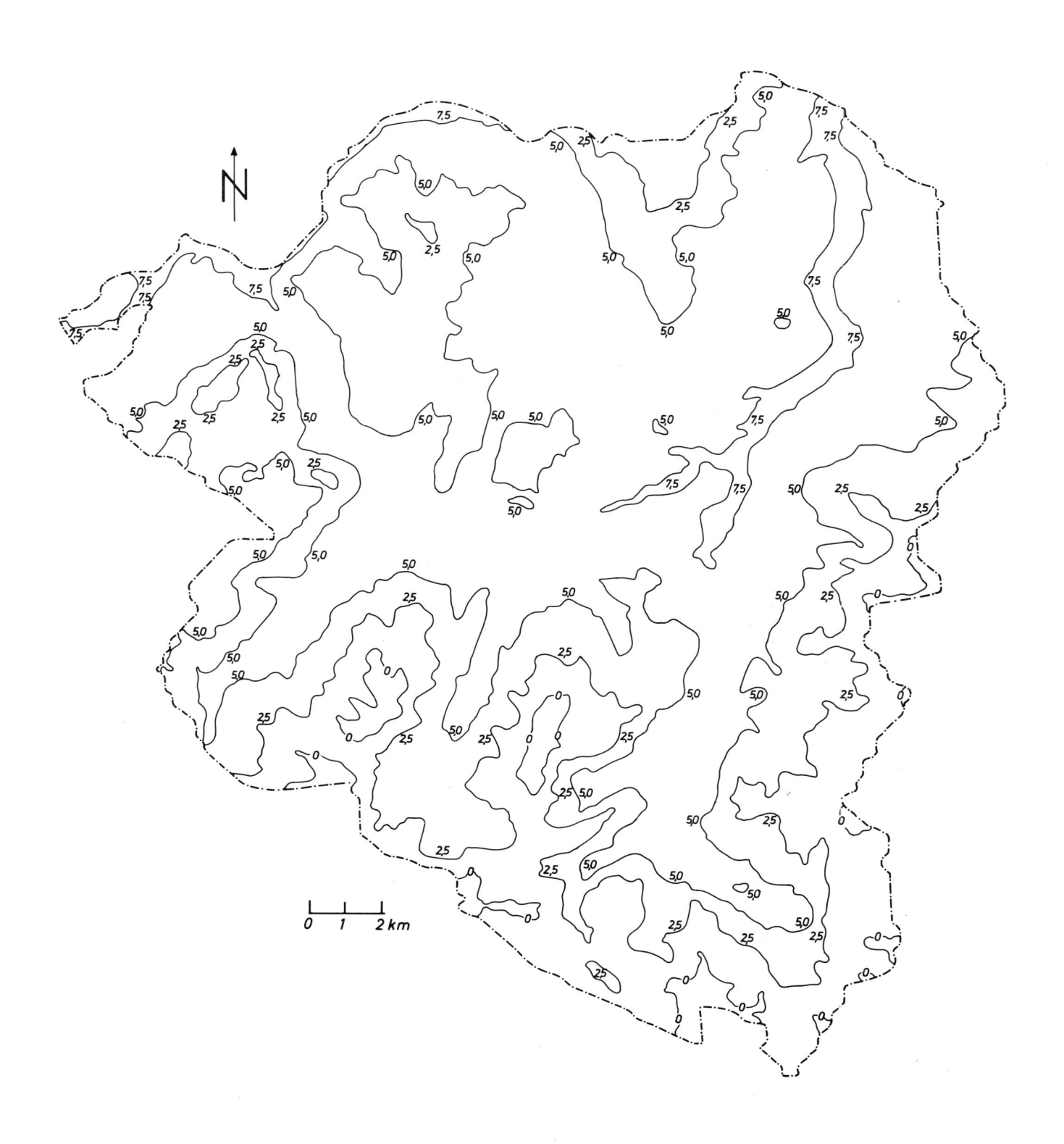

Abb. 22: Jahresisothermen in °C); Mittel der Periode 1931-1960

7. Wind

Von großer Bedeutung für das Topoklima von Hängen und Tälern ist die Luftbewegung. GEIGER (1969) unterscheidet aktive Effekte der Landschaft auf den Wind wie die Entstehung lokaler Windsysteme als Folge kleinklimatischer Unterschiede, und passive Effekte, wenn Richtung und Geschwindigkeit der Strömung durch die Topographie beeinflußt werden. Die Auswirkungen auf das Topoklima sind vielfältig: Bei Kaltluft- oder Warmluftadvektion verändert der Wind Luft- und Bodentemperatur, die Windgeschwindigkeit fördert die Verdunstung und vermindert dadurch eine Überwärmung der Erdoberfläche. Die zu Zeiten negativer Nettostrahlung produzierte Kaltluft fließt in geneigtem Gelände ab und führt in den Tälern zur Bildung von Kaltluftseen. Orographisch erzwungene Unterschiede im Strömungsfeld rufen Lee- und Luveffekte in der Niederschlagsverteilung hervor und beeinflussen damit den örtlichen Wasserhaushalt. Wegen dieser Wechselbeziehungen zwischen Wind und Gelände, die hier nur zum Teil angesprochen werden können, sollte auch eine Kartierung des Windfeldes erfolgen. Vor allem ist eine Darstellung der Vorgänge in der bodennahen Schicht notwendig, die den Lebensraum für Mensch, Tier und Pflanze darstellt. Eine rein theoretische Behandlung der Luftbewegung im Gelände wäre wünschenswert, ihr stehen aber sehr große Schwierigkeiten im Wege. Experimenten, die die vollständige Lokalwindzirkulation oder Teile derselben beschreiben, liegen meist Annahmen oder Meßwerte verschiedener meteorologischer Parameter zugrunde (z. B. THYER 1966, WILFART 1973), die für den Alpenpark jedoch nicht zur Verfügung stehen oder auf ihn übertragen werden können; zudem sind sie vorwiegend auf geometrisch idealisierte Gelände bezogen. Die Orographie eines realen Geländes ist auch nie so homogen wie ein Modell, außerdem sind Faktoren, die das bodennahe Windfeld prägen, wie Rauhigkeit, Austauschkoeffizient, Temperatur- und Feuchtefeld raschen zeitlichen und räumlichen Änderungen unterworfen, sodaß ihre vollständige Parametrisierung große Schwierigkeiten bereitet. Darüber hinaus müßte auch die Kopplung der Luftbewegung in Bodennähe mit der Strömung in der freien Atmosphäre in Betracht gezogen werden. Die orographisch durch Grenzschicht- und Reibungseffekte erzwungenen Störungen einer Grundströmung - Leewellen, »Überschießen«, Blockieren, Rotoreffekte - können sowohl am Boden wie in der Höhe durch relativ geringfügige Änderungen in der Vertikalstruktur des Luftstroms stark beeinflußt werden (VERGEINER 1976). Wegen all dieser für kleine inhomogene Räume noch unlösbaren Probleme lassen sich im Folgenden auf theoretischem Wege nur Teilaspekte des Windfeldes bearbeiten.

7.1 BESONNUNG UND LOKALE WINDSYSTEME

Während im hügeligen Gelände oder im Mittelgebirge mit weiten Talquerschnitten die Taldurchlüftung meist durch die Strömung in höheren Luftschichten angeregt wird, übernehmen in alpinen Gebieten die dort infolge der großen Höhenunterschiede entstehenden und/oder in verhältnismäßig engen Tälern kanalisierten lokalen Windsysteme die Talufterneuerung. Die zeitlich versetzte Erwärmung oder Abkühlung von hoch- und tiefgelegenen Hängen steuert das Einsetzen bzw. den Richtungswechsel zwischen den einzelnen Komponenten wie Hangauf-, Hangab-, Berg- und Talwinden.

Über die tageszeitliche Veränderlichkeit dieser Winde an ungestörten Schönwettertagen der Vegetationsperiode in einem Hochgebirgstal ist man eingehend durch die Untersuchungen von URFER-HENNEBERGER (1964, 1967, 1970) im »Dischmatal« unterrichtet. Das bei Davos gelegene Versuchsgebiet erstreckt sich in NNW-SSE-Richtung über 15 km. Die Kammlinien beidseitig des Talbodens (1600 m NN) steigen unter einer mittleren Neigung von rund 30° auf etwa 2500 m NN an. Aus den Ergebnissen sei durch Tabelle 10 die Beziehung zwischen örtlichem Sonnenaufgang und dem Beginn von Hangaufwind bzw. dem Ende des Hangabwindes herausgestellt:

	Beginn Hangaufwind	Ende Hangabwind
Osthang (Mittelstation)	SA + 13 min	SA − 3 min
Westhang (Mittelstation)	SA + 58 min	SA + 24 min

Tab. 10: Mittelwerte von Beginn und Ende von Hangwinden, bezogen auf den Zeitpunkt des Sonnenaufgangs SA. (Dischmatal, Schweiz)

Die Zeitunterschiede der einzelnen Beobachtungen, aus denen die Mittelwerte gebildet wurden, sind verhältnismäßig gering. Man kann nun versuchen, diesen zeitlichen Zusammenhang zwischen der Besonnung und Teilen des lokalen Windsystems auf ein dem Dischmatal in Profil und relativen Höhenunterschieden ähnliches Gelände zu übertragen. Im Bereich des Alpenparks bietet sich dazu das »Schwarzbachtal« zwischen Lattengebirge und Reiteralpe an. Seine Talsohle in S-N-Richtung liegt etwa 700 m über NN, die beidseitigen Hänge reichen unter einer mittleren Neigung von 35° bis in Höhen von 1700 m im Westen, wo die Grenze geschlossener Waldbestände in rund 1200 m (Dischmatal 1900 m) anzutreffen ist, und etwa 1500 m im Osten.

Da für jeden Punkt die Wanderung der Sonneneinstrahlung ermittelt werden kann, läßt sich über die Zeitdifferenzen der Tabelle 10 die Raum-Zeit-Verteilung der Hangwinde berechnen, die Abbildung 23 zeigt das Ergebnis für den Vormittag des 21. Juni. Analog zur Besonnung setzen sich die Hangaufwinde fortschreitend von oben nach unten durch, die Zone des nächtlichen Hangabwindes wird entsprechend immer kleiner, bis beide Hänge allmählich vollständig vom Aufwind überströmt werden.

Die Interpretation dieser Darstellung unterliegt jedoch wesentlichen Einschränkungen: Die verwendeten Zeitdifferenzen beziehen sich auf Hang m i t t e, sie dürfen daher nicht grundsätzlich nach oben zu den Graten oder nach unten zum Talgrund hin übertragen werden. Besonders die Lagen knapp unterhalb des Gebirgskammes »nehmen nur zum Teil an den Vorgängen innerhalb des Tales teil, manchmal jedoch, besonders nachts, spielt sich auf ihnen schon ab, was in der freien Atmosphäre vor sich zu gehen scheint« (URFER-HENNEBERGER 1964). Nahe der Talsohle aber fließen parallel zur Talachse

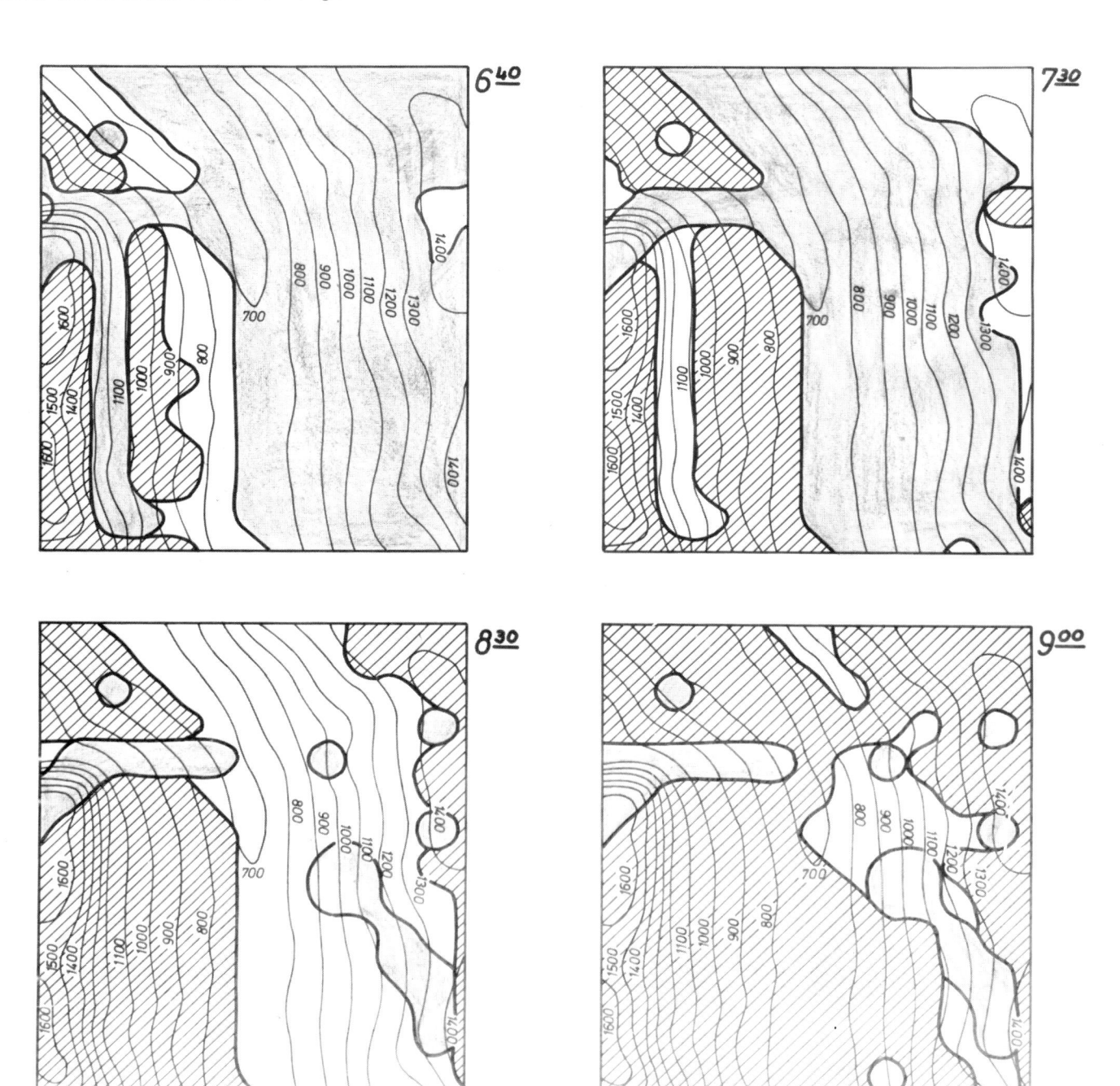

Abb. 23: Einsetzen der Hangaufwinde als Funktion des Sonnenstandes; besonnt ☐ abgeschattet ■ Aufwindzone ▨

Berg- und Talwinde, die teilweise auf die untersten Hangpartien übergreifen. Eine Trennung in diesem Bereich von Tal- und Hangwinden wird nur schwer möglich sein, da die Hangwinde keineswegs nur in der Fallinie wehen, sondern tageszeitlich verschiedenen, zum Teil erheblichen Richtungsänderungen quer dazu unterworfen sind.

Auch darüber finden sich, ebenso wie über die Geschwindigkeitsverhältnisse, bei URFER-HENNEBERGER Angaben. Deren Übertragung scheint aber nicht gerechtfertigt, da sie nicht nur von den Geländeeigenschaften abhängen. Es würde ohnehin schon einen weiteren Schritt für die theoretische Topoklimatologie bedeuten, wenn Messungen im Alpenpark die Gültigkeit der Zeitfunktionen des Einsetzens und Abklingens der Hangwinde auch für andere Gebiete als das Dischmatal bestätigen könnten. Darüber hinaus wären entsprechende Versuche auch für Nord- und Südhänge wünschenswert, um zunächst für alle einzelnen Hangformen die zeitlichen Gesetzmäßigkeiten lokaler Windsysteme zu finden. Als Synthese daraus könnte sich in Zukunft dann die theoretische Kartierung auch auf komplizierteren Talverläufe mit Biegungen und Seitentälern erstrecken.

7.2 POTENTIELLER KALTLUFTFLUSS

Da die Hauptschwierigkeiten einer Richtungskartierung des bodennahen Windes in der Unkenntnis des Druckfeldes begründet liegen, muß man die Wirksamkeit dieses Parameters vernachlässigen und sich darauf beschränken, einzig den Einfluß des Reliefs auf die Luftbewegung zu beschreiben. Vorteilhaft wählt man dazu stationäre Stömungsverhältnisse, wie sie in erster Näherung der bereits ausgebildete nächtliche Kaltluftfluß am Hang darstellt. (Doch bereits ab einem Bodengefälle von etwa 1:100 schlägt nach DEFANT (1933) die laminare Bewegung in eine turbulente um!)

In einem ebenen Gelände verbleibt die durch Ausstrahlung produzierte Kaltluft am Ort ihres Entstehens, es sei denn - doch das muß hier unberücksichtigt bleiben - sie wird durch Advektion verlagert. Auf geneigtem Boden dagegen gleitet sie unter dem Einfluß ihrer Schwere hangabwärts. Vernachlässigt man Leitlinieneffekte durch Waldränder, Heckenstreifen, Zäune usw., so findet die idealisierte Bewegung in Richtung des größten Hanggefälles statt. Mit einem Modell, in dem die Kaltluftbewegung nur auf Höhenunterschiede des Reliefs zurückgeführt und keine Beeinflussung der Fließrichtung durch Bewuchs oder Bebauung zugelassen wird, erfaßt man also nur den p o t e n t i e l l e n Kaltluftfluß. Auch die Darstellung eines solchen fiktiven Parameters hat ihre Berechtigung, kann man damit doch aufzeigen, welche Kaltluftstraßen bevorzugt entstünden bzw. verstärkt würden, wenn durch anthropogene Maßnahmen wie Kahlschläge die Voraussetzungen für das skizzierte potentielle Abfließen geschaffen werden. Ansätze, zu einem Bild der tatsächlich stattfindenden Kaltluftbewegung zu gelangen, sollen im Anschluß an die Beschreibung des Modells diskutiert werden.

Das hier angewandte Verfahren beruht auf folgenden Arbeitsgängen: Zunächst werden alle Gitterpunkte des untersuchten Gebietes nach ihrer Höhe sortiert. Beginnend beim höchsten Punkt berechnet man anschließend aus der Höhendifferenz und der Entfernung zu seinen acht Nachbarpunkten die jeweiligen Gefälle, der Kaltluftfluß verlaufe dann in Richtung des größten Gefälles g_{Max}. Gibt es mehrere gleichgroße Maxima, so teilt sich die Kaltluftstraße entsprechend der Anzahl von g_{Max} in verschiedene Richtungen auf. Dieses Verfahren wird für den nächsthöheren Rasterpunkt und alle folgenden solange wiederholt, bis das Gebiet mit Erreichen des tiefsten Geländepunktes vollständig abgetastet ist. Im 200 m·200 m-Raster der topographischen Karte (=Horizontalprojektion des Geländes) repräsentiert je ein Punkt die Einheitsfläche von 0.04 km². Mit Hilfe der für jedes dieser Quadrate erfaßten mittleren Hangneigung n lassen sich die r e a l e n Geländeflächen berechnen (Einzelheiten hierzu in Kapitel 10.2), auf denen die Produktion von Kaltluft stattfindet. Legt man die Modellannahme zugrunde, daß - unbeschadet tatsächlicher Produktionsunterschiede durch Unterschiede in Bodenart und Bewuchs - gleichgroße Flächen gleichgroße Kaltluftmassen erzeugen, so kann man über die tatsächlichen Flächenverhältnisse die relativen Masseneinheiten, die auf die mit 1 normierte Produktion der Einheitsfläche bezogen sind, berechnen und sukzessive von Gitterpunkt zu Gitterpunkt entlang einer Kaltluftstraße aufaddieren (Abbildung 24).

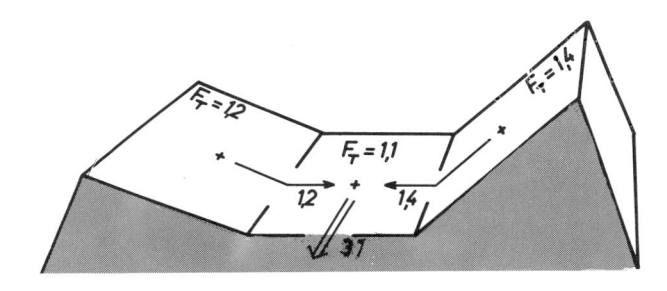

Abb. 24: Beziehung zwischen Relief und potentiellem Kaltluftfluß (Richtung und relative Intensität)

Neben der Darstellung des reliefbedingten Verlaufs einzelner Kaltlufts t r a ß e n und damit einer Abgrenzungsmöglichkeit der geländegebundenen Kaltlufte i n z u g s g e b i e t e kann man nun in einer Karte besonders die Konvergenzgebiete hervorheben, gleichbedeutend mit primär für die Bildung von Kaltluft s e e n bevorzugten Räumen. Die relativen Intensitätsangaben für solche Konvergenzgebiete erlauben darüber hinaus qualitative Aussagen im Sinne einer Standortsbeurteilung: Je größer die dort sich ansammelnde relative Kaltluftmasse ist, umso größer wird auch die lokale Frostgefährdung und Nebelgefahr, was beispielsweise für Formen der Waldbewirtschaftung, für die Anlage landwirtschaftlicher Kulturen oder für den Straßenbau zu berücksichtigen ist.

Da das Hanggefälle der einzige das Modell steuernde Parameter ist, enden Kaltluftstraßen nicht nur, wenn der angesteuerte Gitterpunkt tiefer als alle acht Nachbarpunkte liegt, sondern schon bei Höhengleichheit mit ihnen. Diese Konfiguration kann natürlich auch im realen Gelände auftreten, im allgemeinen ist es jedoch in einem alpinen Gebiet unwahrscheinlich, daß eine Fläche von 0.16 km² (= 9 Punkte) keine Höhenunterschiede aufweist. Es empfiehlt sich daher zur Modellierung des Kaltluftflusses mit einem feineren Raster zu arbeiten, das auch geringe Höhendifferenzen noch erfaßt. Mit einem engmaschigeren Gitter wäre man gleichzeitig imstande, zusätzlich natürliche oder künstliche Hindernisse wie die bereits angesprochenen Waldränder- und -schneisen oder Siedlungen zu parametrisieren und deren Leitlinieneffekte in das Modell einzubauen, um so zu einem Bild der tatsächlichen Fließrichtung zu gelangen. Angaben über die Höhe der sich über Kaltluftseen einstellenden Inversion sowie über die Lage der »warmen Hangzone« sind erst möglich, wenn man die räumlich unterschiedliche Fließgeschwindigkeit und Produktion von Kaltluft kennt, hervorgerufen durch Unterschiede in Bodenart und Bewuchs, und dann die tatsächlichen Kaltluftmassen berechnen kann. Dafür gibt es zwar bereits physikalische Ansätze und auch Zahlenwerte (vgl. BAUMGARTNER 1965), doch sind diese in ihrer Form nicht für das hier vorgestellte Modell verwendbar.

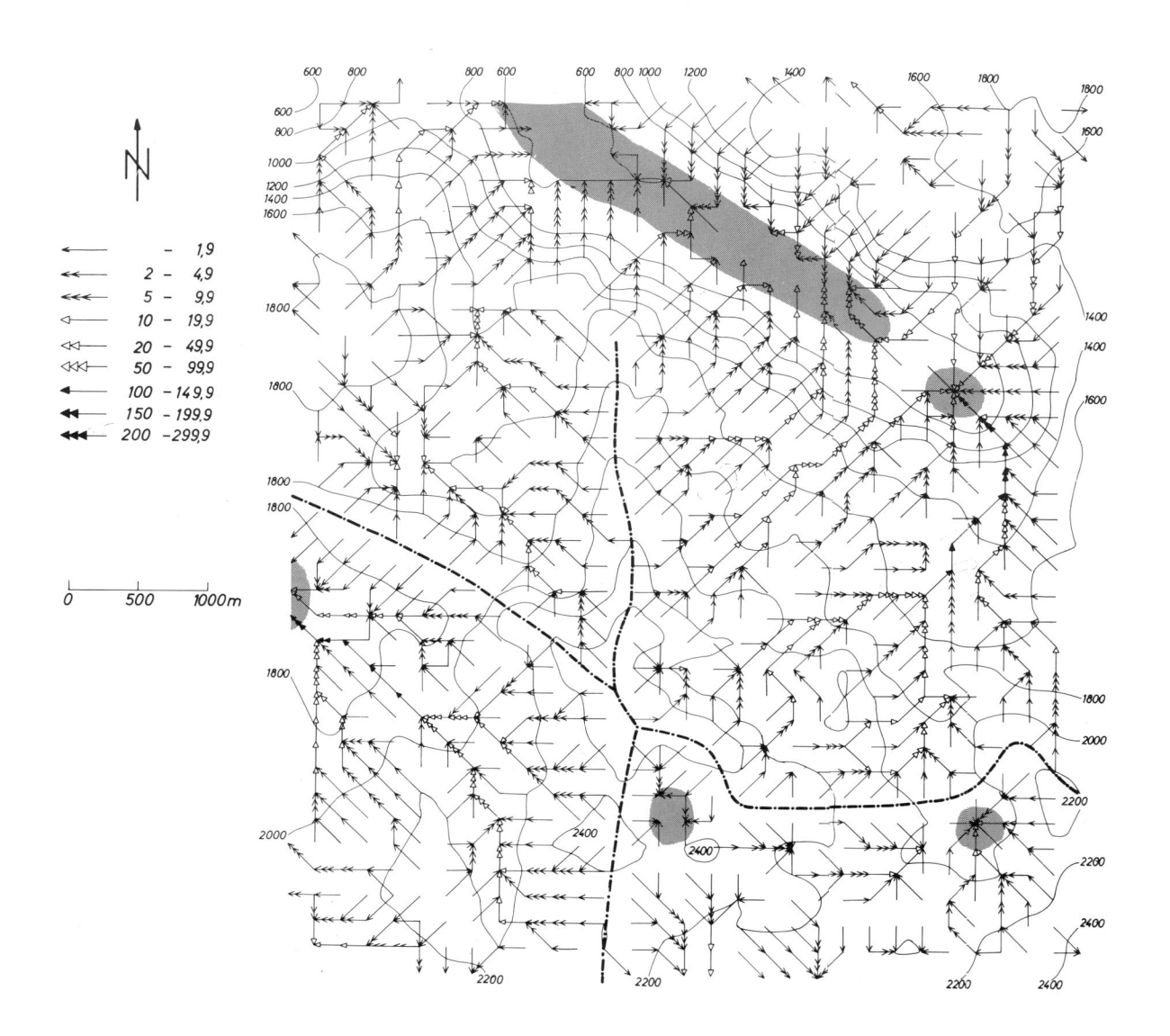

Abb. 25: Potentieller Kaltluftfluß im Gebiet des Obersees (Pfeile = Richtung; Art der Pfeilspitze = relative Intensität)

Als Beispiel für den potentiellen Kaltluftfluß wurde ein 6 x 7 km² großer Ausschnitt des Alpenparks bearbeitet (Abbildung 25). Am oberen Bildrand erkennt man im Verlauf der 600 m-Isohypse den südlichen Zipfel des Königssees, der untere Rand liegt etwa auf der Höhe der Südgrenze des Alpenparks. Die Höhenlinien sind im Abstand von 200 m ausgezogen. Die Richtung der einzelnen Pfeile gibt die Fließrichtung der Kaltluft wieder, die Bedeutung der unterschiedlichen Pfeilspitzen als Angabe für die relative Kaltluftmasse entnehme man der Legende. Durch Strichpunktion sind einzelne Flußscheiden, durch Grautönung potentiell durch Kaltluftseen gefährdete Gebiete hervorgehoben.

Die Hauptflußrichtungen verlaufen einmal nach NE und SW zu Königs- und Obersee hin und, aufgrund der Geländestruktur weniger geordnet, zu den Flächen »Steinhütterl« (Südosten), »Steinergrube« (Süden), »Grünsee« (links von Bildmitte) und zum »Funtensee«, der gerade außerhalb des linken Bildrandes zu finden wäre.

Um die gesamten relativen Massen angeben zu können, die beispielsweise zum Königssee hin abfließen, müßte selbstverständlich das zugehörige Kaltlufteinzugsgebiet vollständig bearbeitet werden und nicht wie in der Abbildung nur Ausschnitte daraus.

7.3 MITTLERE WINDRICHTUNG

Ohne die tatsächlich bevorzugten Windrichtungen im Alpenpark mit seiner Vielfalt von Talformen und Talrichtungen bereits im einzelnen zu kennen, kann man schon vermuten, daß sich für dieses so stark gegliederte Gebiet keine einheitliche Häufigkeitsverteilung der mittleren Windrichtung angeben läßt. Einige Registrierungen aus dem amtlichen Netz des Deutschen Wetterdienstes belegen dies:

Zur Verfügung stehen Meßwerte an den Stationen Reichenhall, Predigtstuhl und Berchtesgaden. Da insbesondere Berchtesgaden innerhalb eines kleinen Gebietes des öfteren verlegt wurde, kann der Einfluß des Geländes auf die mittlere Windrichtung des bodennahen Windes gut studiert werden. Die Mittel wurden, falls möglich, über einen Zeitraum von fünf Jahren gebildet. Die einzelnen Jahre innerhalb jeder Zeitreihe sind durchaus vergleichbar, wie sich anhand der Monatswerte ergab (DWD, Jahrbücher 1934-60).

Legt man als Maßstab für die Vergleichbarkeit der verschiedenen Perioden die kontinuierlichen Messungen der Bergstation W e n d e l s t e i n südlich des Chiemsees zugrunde, so zeigt sich eine Konstanz der mittleren Häufigkeitsverteilungen über die Jahre hinweg (Abb. 26). Für die folgenden Überlegungen sind daher die zeitlichen Schwankungen der mittleren Windrichtung von Jahr zu Jahr unerheblich.

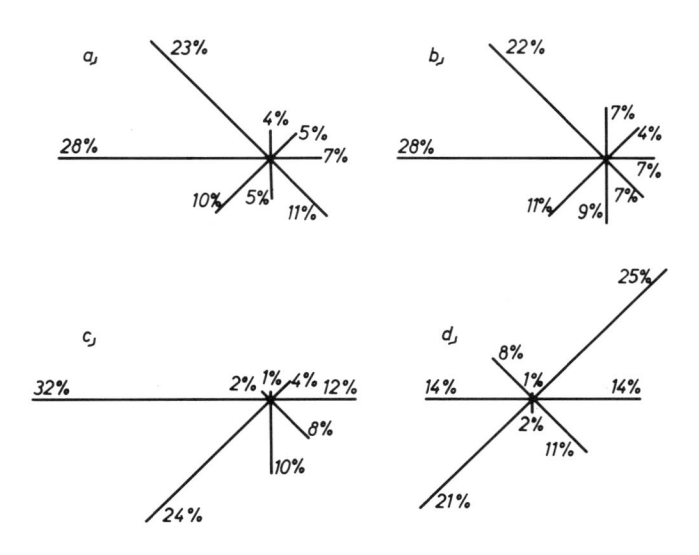

Abb. 26: Mittlere Windrichtungshäufigkeit für a) Wendelstein (1735m), 1884-1904; b) Wendelstein (1735m), 1955-1958; c) Predigtstuhl (1578m), 1934-1938; d) Reichenhall (468m), 1938-1942;

Am ehesten sollte noch die Bergstation P r e d i g t s t u h l (1578 m) im Lattengebirge im Bereich der Strömung der freien Atmosphäre liegen. Ihre Windrose (Abb. 26) zeigt aber, daß nur noch die Westkomponente ähnlich deutlich wie am Wendelstein ausgeprägt ist, Winde aus Nordwest sind kaum mehr zu beobachten. Dagegen treten südwestliche Strömungen wesentlich häufiger auf. Der geringe Anteil an Winden aus NW ist überraschend, zumal unmittelbar nach Norden an die Station angrenzend der Steilabfall des Lattengebirges nach Reichenhall zum Saalachtal liegt, so daß eventuelle Strömungen aus dem nördlichen Sektor durch die Orographie nicht behindert würden. Die Station R e i c h e n h a l l selbst, etwa 5 km nördlich des Predigtstuhls, zeigt dagegen deutliche Kanalisierungseffekte durch das von SW nach NE verlaufende Flußtal.

Bei der Interpretation mittlerer Windrichtungshäufigkeiten über längere Zeiten ist besonders auf eventuelle Stationsverlegungen, auch auf kleinstem Raum, zu achten. Anders als beispielsweise bei Mitteltemperaturen, die gegenüber geringen Ortsverschiebungen als invariant angesehen werden dürfen, solange die Ortshöhe etwa dieselbe bleibt, können sich bei der Inhomogenität des Windfeldes besonders im Bergland große Unterschiede ergeben. So wurde im Zentrum des Alpenparks, immer unter dem Stationsnamen »Berchtesgaden«, in der Zeit von 1934-1968 an mindestens vier verschiedenen Stellen registriert. Ihre verschiedenen Ergebnisse lassen sich größtenteils eindeutig zur Topographie in Beziehung setzen. In Abbildung 27 sind daher die geringfügig generalisierten Isohypsen dieses Raumes (100 m-Stufen gestrichelt, Details in 20 m-Stufen ausgezogen) herausgestellt und die Lage der einzelnen Meßpunkte »Krankenhaus«, »Bischofswiesen«, »Bahnhof« und »Koch-Sternfeld-Straße« mit den Mitteln der jeweils angegebenen Periode eingezeichnet.

Besonders klar wird jeweils der Zusammenhang zwischen H a u p twindrichtungen und Orographie, was auf starke Kanalisiereffekte deutet. So ist an der Station »Koch-Sternfeld-Straße« die NE-SW-Richtung entlang des Tales der Berchtesgadener Ache hervorgehoben; bei der Meßstelle »Krankenhaus«, die nur 500 m entfernt liegt, bewirkt im Süden ein relativ niedriger Hügel von etwa 90 m Höhe eine Drehung auf E-W. Eine Deutung der restlichen Komponenten der Windrose an dieser Stelle, etwa durch Hangabwinde aus NE oder SE, die über die Berchtesgadener Ache hinweggreifen müßten, würde sich bei der Höhe der in Frage kommenden Hänge anbieten. Andrerseits fehlen aber die entsprechenden Richtungen für die Hangaufwinde, zudem ist an der Station »Koch-Sternfeld-Straße«, die einem Hangwindsystem im Südosten näher läge, die NW-(Aufwind) bzw. SE-(Abwind)-Richtung fast völlig unterdrückt. Außerdem sind sämtliche Berchtesgadener Meßplätze als Talstationen anzusehen, die nur bedingt am Hangwindsystem beteiligt sind. Das wiederum ist nur an ungestörten Strahlungstagen der schneefreien Periode so deutlich ausgeprägt, deren Anteil bei der zeitlichen Mittelbildung nur gering sein kann.

Auch die beiden restlichen Stationen zeigen Kanalisierungseffekte: Die Hauptwindrichtung NW von »Bi-

Abb. 27: Gelände und bevorzugte Windrichtungen

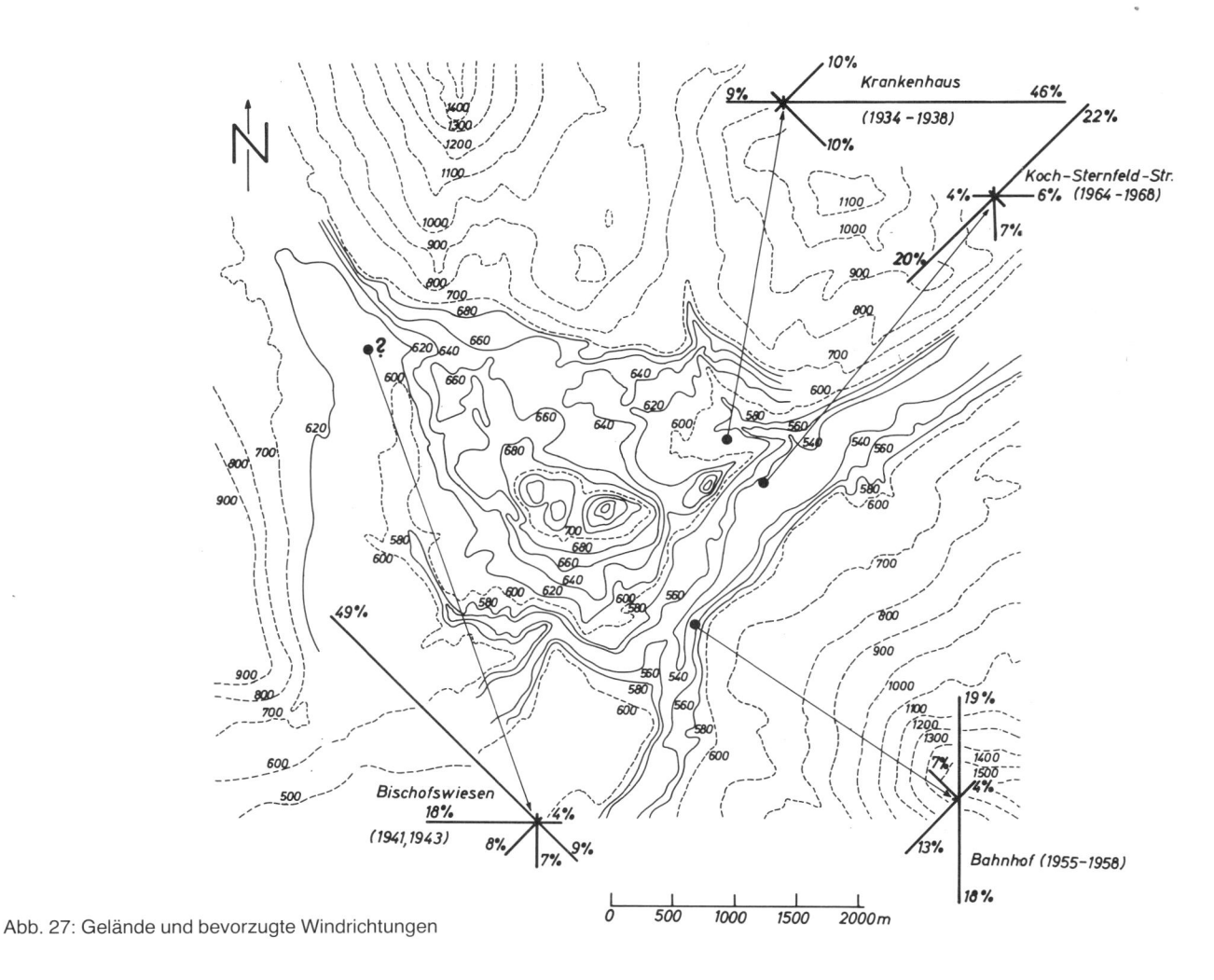

schofswiesen« (die Station kann wegen verloren gegangener Beschreibung nicht eindeutig lokalisiert werden) liegt genau parallel zu den Höhenzügen des von NW nach SE laufenden Tals der Bischofswieser Ache. Nahe der Station »Bahnhof« treffen die Täler von Königsseer (S-N orientiert), Ramsauer (SW-NE) und Berchtesgadener (überwiegend SW-NE) Ache aufeinander, deren Verlauf sich in der zugehörigen Windrose widerspiegelt. Ein relativ schwacher Knick des letzten Tales auf S-N bewirkt dabei sofort eine Abschwächung des bei »Koch-Sternfeld-Straße« häufigen NE-Windes mit einer Verstärkung der Nordkomponente.

Die Folgerungen, die man aus dieser Übersicht ziehen kann, sind trivial und für eine theoretische Topoklimatologie mit Kartierung der mittleren Richtungsverhältnisse des bodennahen Windes im Hochgebirge wenig hilfreich: Speziell aus Talstationen darf nicht auf Bergstationen geschlossen werden und umgekehrt, oder, allgemeiner ausgedrückt, die Topographie beeinflußt schon auf engstem Raum die Windrichtungen so sehr, daß eine Extrapolation von Meßwerten auf die Umgebung unmöglich wird. Vermutlich aber, doch das muß späteren Messungen vorbehalten bleiben, wird man die häufigste Windrichtung längs der Täler antreffen, besonders dann, wenn sie tief in das Gelände eingeschnitten sind wie beispielsweise Königssee, Wimbachtal, Klausbachtal oder das Tal der Bischofswieser Ache.

Es ist also nicht möglich, für den Alpenpark eine Windrose darzustellen, die die Häufigkeitsverteilung der mittleren Windrichtung gültig für den gesamten Raum wiedergibt. Die Kartierung des lokalen Windfeldes aber wird voraussichtlich noch länger in Händen des »Geländeklimatologen« bleiben, der es über Messungen von Richtung und Geschwindigkeit an Ort und Stelle quantitativ oder über die Beobachtung von Wirkungen auf Pflanzenbestände (Deformation) und Boden (Erosion) zumindest qualitativ zu erfassen versucht (vgl. KNOCH 1963).

Insgesamt gesehen werden bei der Behandlung des Windfeldes überaus die Grenzen deutlich, die bei Inhomogenität eines Parameters wie der Luftbewegung seiner Kartierung im Sinne der theoretischen Topoklimatologie - durch statistische Verdichtung von Meßwerten oder der Ableitung funktioneller Zusammenhänge - gesetzt sind.

Eine letzte Bemerkung ist noch bezüglich der Stellung des Alpenparks als Ganzes zum Wind der feien Atmosphäre angebracht, die weniger auf die spärlichen Messungen als vielmehr auf die orographischen Verhältnisse gestützt ist. Die nahezu lückenlose Abschirmung für Winde aus jeder Richtung durch hohe Randgebirge legt die Vermutung nahe, daß das Innere des Untersuchungsgebietes mit Ausnahme der Gipfelregionen insgesamt als Leegebiet anzusprechen ist. Bedeutungsvoll wird diese Annahme, wenn über die Niederschlagsverhältnisse (Kap. 8.1.2) zu sprechen sein wird.

8. Niederschlag (P)

Nicht nur durch die Strahlungsverhältnisse wird das Topoklima bestimmt, eine bedeutende Rolle für seine Ausprägung kommt auch den hydrologischen Faktoren zu. Oft ist Wasser der limitierende Faktor für die Entwicklung von Fauna und Flora, Bodenerosion in Form von Frostsprengung oder Denudation kann das Antlitz von Landschaften entscheidend mitprägen. Weitreichende Veränderungen in Ökosystemen lassen sich am ehesten durch Eingriffe in den Wasserhaushalt hervorrufen, z. B. durch Trockenlegung von Moorgebieten oder Flußregulierungen, nahezu alle Kulturmaßnahmen wirken sich fast zwangsläufig auf die Wasserbilanz

Niederschlag = Verdunstung + Abfluß + Speicherung

$$P = E + D + S$$

und darüber auch auf den Wärmehaushalt des betroffenen Gebietes aus.

Detaillierte Kenntnisse über Größe und Verteilung der wichtigsten hydrologischen Parameter Niederschlag, Verdunstung und Abfluß dienen daher nicht nur als zusätzliche Information zur allgemeinen Klimabeschreibung, sondern sind auch für vielfältige Aspekte der Raumplanung unerläßlich, man denke an Probleme der Trinkwasserversorgung, der Energieerzeugung oder der Vermeidung von Hochwasserschäden.

Aufgabe der Wissenschaften im Rahmen der Errichtung und Betreuung des Alpenparks muß es sein, durch möglichst umfassende Kenntnis der Wechselbeziehungen zwischen anthropogenen Eingriffen und Reaktionen der Natur Lösungsmöglichkeiten für die angeschnittenen Probleme aufzuzeigen; einfache, aber doch wesentliche Gundlalgen dazu lassen sich in beschränktem Umfang mit den Methoden einer mathematisch-statistischen, »synthetischen« Klimatologie erbringen.

Im Gegensatz beispielsweise zur extraterrestrischen Strahlung, lassen sich aber zur Quantifizierung der zeitlichen und räumlichen Niederschlagsverteilungen keine allgemein gültigen mathematischen Formeln aufstellen. Die Charakteristiken sind von Gebiet zu Gebiet verschieden und müssen daher auf der Grundlage von Meßwerten jeweils neu bestimmt werden. So unterschiedliche Parameter wie Großwetterlage, lokale Wetterentwicklung, geographische Orientierung, Kontinentalität/Ozeanität, vorgelagerte Gebirgsbarrieren sowie die innere Struktur des Niederschlagsgebietes (Exposition,

Nr.	Station	Höhe über NN (m)	P_G (mm)	P_B (mm)	P_G-P_B (mm)
1	Reichenhall	468	1547	1642	− 95
2	Jettenberg	500	1644	1655	− 11
3	Schellenberg	540	1840	1671	169
4	Berchtesgaden	542	1514	1671	−157
5	Ristfeucht	550	1811	1675	136
6	Ilsank	590	1621	1691	− 70
7	Salettalpe	602	1718	1696	22
8	Königssee	605	1552	1697	−145
9	Weißbach	611	1813	1700	113
10	Hallthurm	693	1700	1734	− 34
11	Fischunkelalm	720	1883	1746	137
12	Hintersee	804	1810	1783	27
13	Loipl	830	1838	1795	43
14	Anger	845	1750	1802	− 52
15	Lindenhäusl	850	1565	1804	−239
16	Schwarzbach	893	1916	1824	92
17	Söldenköpfl	972	1823	1861	− 38
18	Wimbach-Hütte	1327	2088	2039	49
19	Reiteralpe	1500	2214	2131	83
20	Traunsteiner Hütte	1560	2253	2163	90
21	Predigtstuhl	1585	1978	2177	−199
	(Plattachferner	2660	2813	2810	3)

Tab. 11: Durchschnittliche jährliche Niederschlagssummen für Alpenpark und Zugspitze in der Periode 1931-1960: P_G gemessen, P_B berechnet. Die Stationsnummern beziehen sich auf die Stationskarte der Abbildung 28.

vertikale Gliederung) beeinflussen die einzelnen, aktuellen Meßwerte. Daraus ergeben sich notwendige Konsequenzen für deren Auswahl und Verarbeitung zur Erstellung örtlich funktionaler Zusammenhänge: Durch Mittelwertbildung über möglichst lange Zeiten wird der schwankende Einfluß der atmosphärischen Größen eliminiert, während durch Beschränkung auf kleinräumige Niederschlagsgebiete zusätzlich auch die äußeren geographischen Bedingungen unberücksichtigt bleiben können. Damit verbleibt nur das Problem, im Rahmen des »topoklimatologischen Scale« die Abhängigkeit der Niederschlagshöhe von der inneren Struktur eines Gebietes zu bestimmen.

8.1 HÖHENABHÄNGIGKEIT

8.1.1 AUSGANGSDATEN

Für den Bereich des Alpenparks werden die Mittelwerte der Periode 1931-1960 benutzt, die Untersuchung der Niederschlagsverhältnisse beschränkt sich beispielhaft auf Jahressummen. Das gilt weiterhin auch für Verdunstung und Abfluß, jedoch wäre mit den nachstehend beschriebenen Methoden unter Umständen auch eine Bearbeitung von Halbjahreswerten o. ä. denkbar.

Für diesen Zeitraum stehen aus dem Beobachtungsnetz des Deutschen Wetterdienstes Meßwerte an 18 Stationen innerhalb des Nationalparks zur Verfügung (DWD, 1976), zur Erweiterung des Zahlenmaterials werden noch drei zusätzliche Stationen knapp außerhalb des Alpenparks mitberücksichtigt (Abbildung 28/Tabelle 11). Aus dem Vergleich der Flächenrepräsentanz von 460 km² für 18 Stationen - das entspricht etwa 26 km²/Station - mit den Zahlen für Bayern (79 km²/Station) oder für die Bundesrepublik (99 km²/Station) geht hervor, daß das offizielle Meßnetz dem Umstand größerer Niederschlagsänderungen im Gebirge gegenüber dem Flachland bereits Rechnung trägt (DWD, 1974). Stratifiziert man aber wie in Tabelle 11 nach der Höhenlage, so zeigt sich eine merkliche Unterbesetzung der Höhen über 1000 m, Meßwerte über 1600 m fehlen im Alpenpark gänzlich. Eine weitere Unterteilung der Stationen nach der Exposition ihres Aufstellungsortes ist wegen ihrer geringen Zahl wenig sinnvoll. Da überdies langjährige Windmessungen, die für Aussagen über Luv- und Leewirkungen erforderlich wären, nur von Berchtesgaden und Bad Reichenhall in 542 m bzw. 455 m über NN vorliegen, mußte die ursprüngliche Absicht fallengelassen werden, die Niederschlagshöhe P sowohl als Funktion der Seehöhe z als auch der Exposition zu beschreiben.

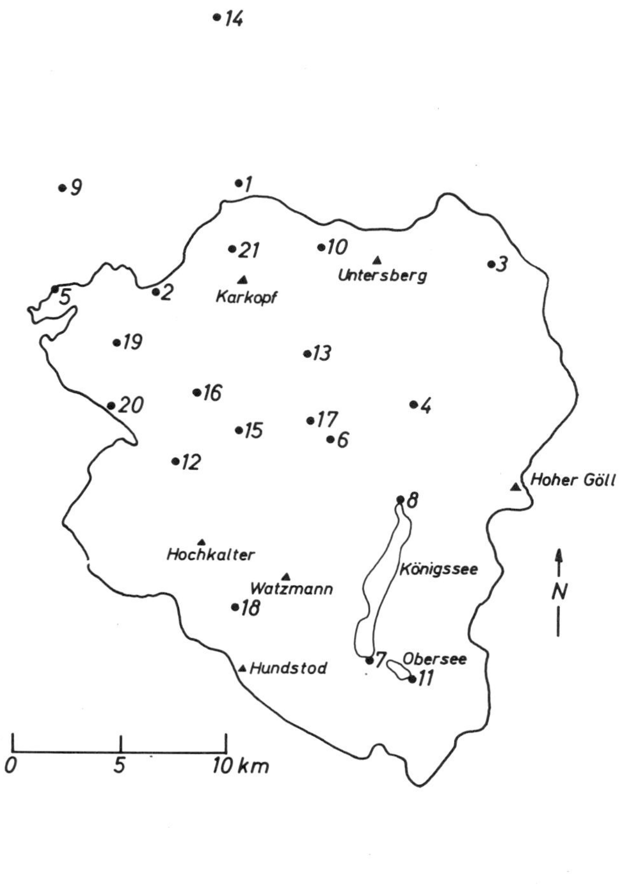

Zur Erstellung einer Regressionsgleichung, die Gültigkeit bis hinauf zu den Gebirgkämmen mit 2630 m haben soll, ist noch mindestens ein Meßwert für etwa diese Höhen erforderlich. Bei der Auswahl einer Hochstation ist jedoch Vorsicht geboten, da sie in der Regressionsgleichung als »singulärer« Punkt besonderen Einfluß gewinnt.

Von der Entfernung her bieten sich zunächst benachbarte österreichische Stationen an wie Wildkogelhaus (2010 m), Mooserboden (2036 m) oder Sonnblick (3106 m). Deren Niederschlagswerte liegen aber deutlich unter dem vorläufigen Funktionsverlauf, der sich aus Extrapolation der Messungen im Alpenpark abzeichnet. Im Mittel stellen sich aber für Niederschlagsgebiete dieser Größenordnung eindeutige Niederschlagszunahmen mit ansteigender Seehöhe ein (FLIRI, 1975), im Gegensatz zum Einzelberg, wo auch andere vertikale Verteilungen beobachtet wurden (vgl. BAUMGARTNER, 1958). Man muß daraus schließen, daß sie nicht mehr der niederschlagsreichen Randzone der Alpen zuzurechnen sind, zu der der Alpenpark gehört, sondern zum trockeneren inneralpinen Zentralraum. Für die Hochlagen des Berchtesgadener Raumes besitzen sie daher keine Niederschlagsrepräsentanz.

8.1.2 HÖHENFUNKTION

Vergleichbare Verhältnisse (Nordstau der Alpen) treffen dagegen nach mündlichen Angaben von E. REICHEL auf die Station Plattachferner (Schneeferner) des Zugspitzmassivs in einer Höhe von 2660 m mit einem Jahresmittel von 2813 mm (DWD, 1976) zu. Von verschiedenen Gleichungen, die unter Einbeziehung dieser Hochstation durch ein multiples Regressionsverfahren erstellt wurden, bietet die irrationale Funktion

$$P = 100 \cdot \sqrt{221.669 + 7.911 \cdot z + 0.505 \cdot z^2} \quad (24)$$

- z in hm, P in mm - zur Beschreibung der vertikalen Niederschlagsverteilung im Alpenpark mit r = 0.94 den höchsten Korrelations-Koeffizienten. Bei einem Standardfehler von ± 119 mm lassen sich 89,2 %

Abb. 28: Geographische Lage der Niederschlagsmeßstellen

der Variation von P mit der Variation von z erklären.
Mit dieser Funktion ergeben sich folgende Niederschlagsmengen:

z	P
500 m	1655 mm
1000 m	1874 mm
1500 m	2131 mm
2000 m	2412 mm
2500 m	2711 mm

Da immerhin 25 % des Alpenparks in Höhen über 1500 m liegen, stellt sich die Frage nach einer Absicherung der errechneten Niederschlagshöhen in diesem »kritischen« Bereich. In den Jahressummen am Riemannhaus (2133 m) und Funtensee (1638 m) von 2506 bzw. 2200 mm stehen zwei weitere Werte aus diesem Gebiet zur Verfügung, allerdings aus der Periode 1901-1925 (HAEUSER, 1930). Über den mittleren Quotienten $P_{31-60}/P_{01-25} = 1.022$, der für die in Tabelle 11 angeführten Stationen 1, 2, 6, 9, 10, 12, 13 und 16 gebildet werden kann, ergeben sich für den Zeitraum 1931-60 daraus Vergleichswerte von 2561 bzw. 2248 mm, die sehr gut zum berechneten Kurvenverlauf P = P(z) passen. Von der Überlegung, diese beiden korrigierten Werte von vornherein für die Regression mitzuverwenden, wird jedoch Abstand genommen, da an den Bezugsstationen der Niederschlagszuwachs gegenüber der Periode 1901-1925 sehr unterschiedlich, zum Teil sogar negativ war. Zudem liegen diese sämtlich unterhalb von 1000 m Seehöhe; Größe und vertikaler Gültigkeitsbereich des Normierungsquotienten sind also nicht eindeutig zu belegen.

In Abbildung 29 sind Ausgangsdaten, Regressionskurve und Vergleichswerte gegenübergestellt. Für die Schicht von 500 m bis 1500 m Seehöhe entnimmt man daraus einen durchschnittlichen vertikalen Gradienten der Jahressumme des Niederschlages von 48 mm/100 m, darüber beträgt er 59 mm/100 m. Die Zunahme des Gradienten ist vor allem auf die gewählte Form einer irrationalen Ausgleichsfunktion zurückzuführen, beispielsweise bietet ein linearer Ausgleich ein nahezu ebenso hohes Bestimmtheitsmaß von etwa 85 %. Die damit errechneten Werte unterscheiden sich nur wenig von den mit Gleichung 24 ermittelten. So bekommt man beispielsweise für 500 m, 1500 m und 2500 m Seehöhe Niederschlagssummen von 1631 mm, 2151 mm und 2672 mm. Vergleichende Untersuchungen von F. LAUSCHER (1976) zeigen aber, daß die Höhenabhängigkeit des Niederschlags, ebenfalls in einem P-z-Diagramm aufgetragen, für eine ausgesprochene Lee-Lage (Ötztal) einer extrem konvexen Kurve folgt, umgekehrt für die Luv-Lage des Gebietes »Bregenzer Ache« einer extrem konkaven Kurve. Ohne auf dynamisch-meteorologische Erklärungen näher einzugehen, wird deshalb für den Alpenpark, den man wegen seiner nahezu rundum durch Gebirge abgeschlossenen Lage i n s g e s a m t als Leegebiet betrachten darf (vgl. Kapitel 7), der gewählte nichtlineare, schwach konvexe Ausgleich der Meßwerte vertreten. Zudem erklärt er die Schwankung von P doch um etwa 4 % mehr mit dem Einfluß der Seehöhe als die lineare Regression.

Das stetige Anwachsen des Niederschlages mit steigender Ortshöhe gilt nur für den Höhenbereich, für den Meßwerte vorliegen, Extrapolation darüber hinaus ist unzulässig.

Die Unterschiede zwischen gemessenem und berechnetem Niederschlag sind explizit für jede Station bereits in Tabelle 11 angegeben. Mit wenigen Ausnahmen sind sie jeweils deutlich geringer als 10 %. Auffällig sind die relativ hohen Meßwerte von Schellenberg (3), Ristfeucht (5), Weißbach (9) und Fischunkelalm (11), die niedrigen von Berchtesgaden (4), Königssee (8), Lindenhäusl (15) und Predigtstuhl (21). Ihre extremen Abweichungen, positiv oder negativ, von der sonst ziemlich gleichmäßigen Niederschlagszunahme mit der Höhe sind weder einem bestimmten Gebiet noch einer bestimmten Höhenzone des Alpenparks zuzuordnen. Woraus sie resultieren, ob aus ungünstiger Aufstellung der Meßgeräte oder aus tatsächlich räumlich so stark variierenden Niederschlägen, vermag bei dem zur Verfügung stehenden Datenmaterial nicht geklärt zu werden. Einzig für die geringe Niederschlagsmenge an der Station Lindenhäusl bietet sich nach einem Blick in die topographische Karte die Interpretation an, daß durch die dort nach a l l e n Himmelsrichtungen wirksamen starken Horizontüberhöhungen auch die Niederschläge abgeschirmt werden und dieser Meßort daher nicht für seine Höhe repräsentative Werte liefert.

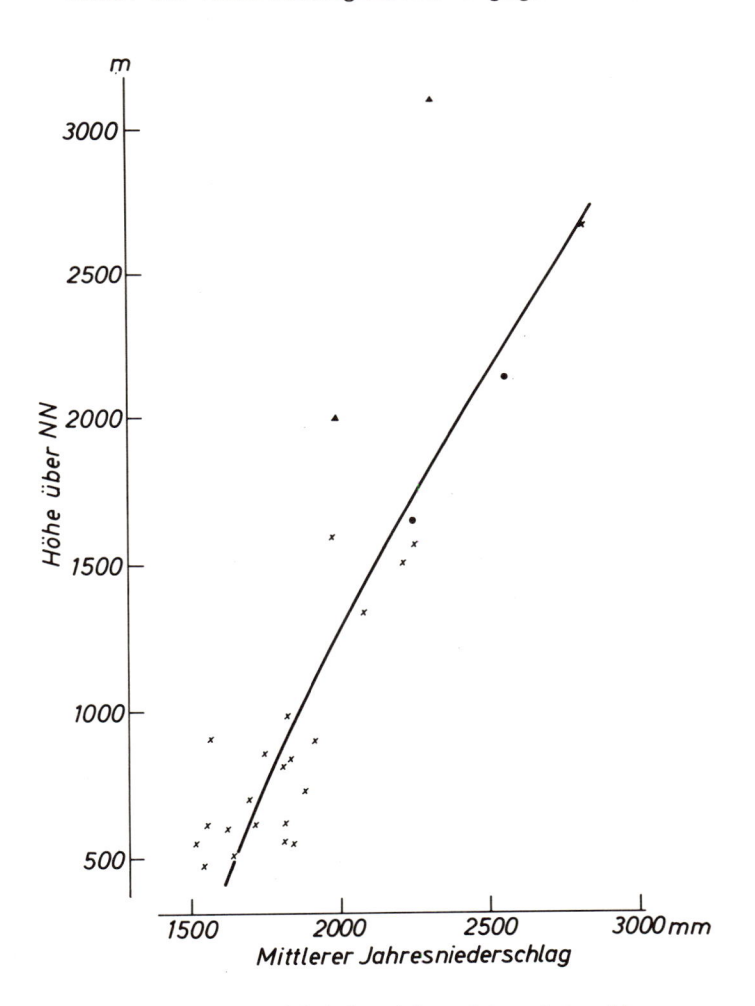

Abb. 29: Höhenabhängigkeit des mittleren Jahresniederschlages (Periode 1931-1960); Regressionswerte x, Werte nach HAEUSER ●, Sonnblick/Moserboden ▲

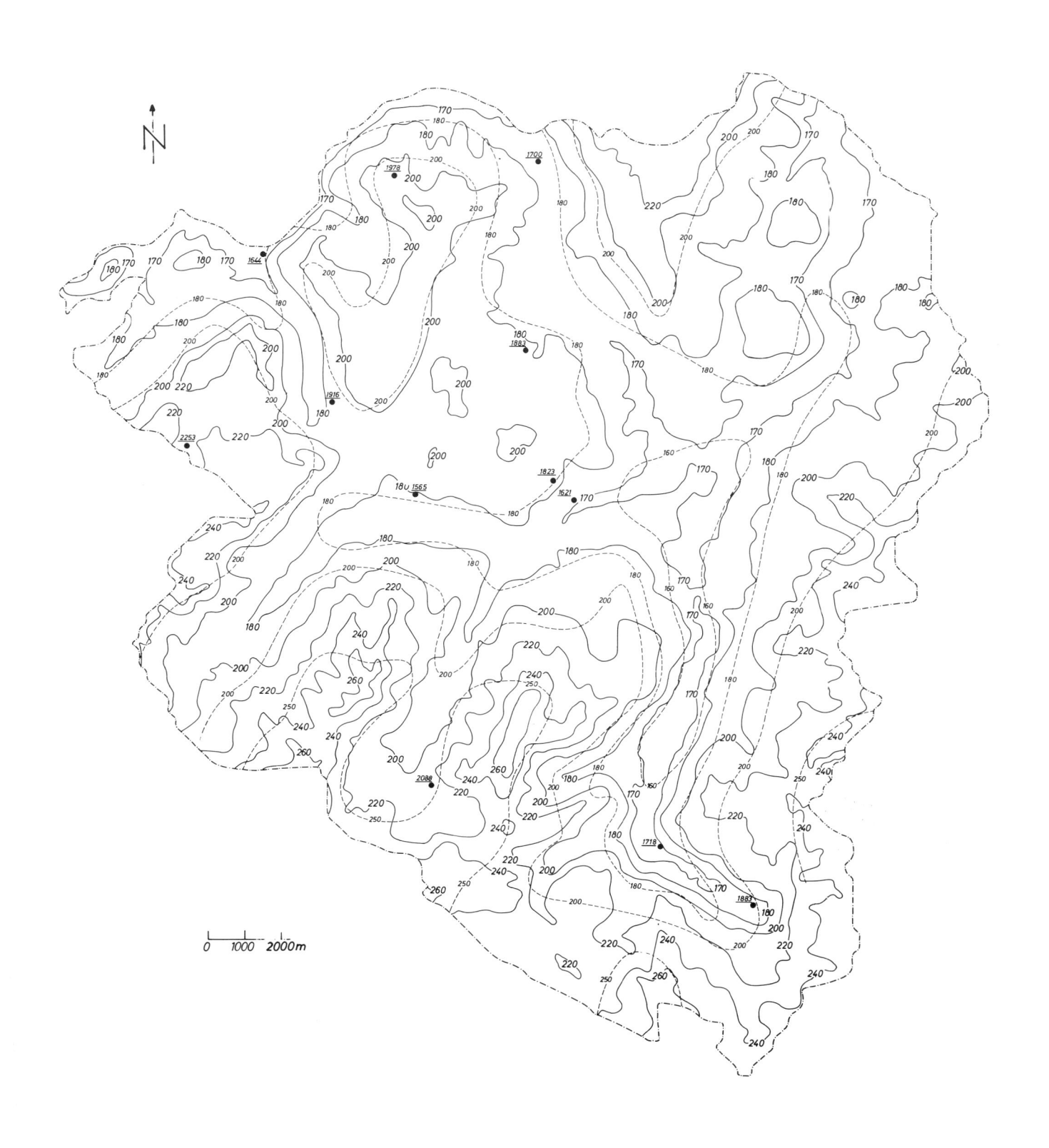

Abb. 30: Jahresniederschläge (in cm); Mittel der Periode 1931-
1960, — nach f(z), --- nach KERN (1971)

8.2 ISOHYETEN

Da in die Berechnung der Niederschlagssummen nur die Seehöhe eingeht, muß der Verlauf der Isohyeten ein getreues Bild der Isohypsen der topographischen Karte werden. Man kann also direkt jeder Höhenschichtlinie den entsprechenden Niederschlagswert zuordnen und erhält damit eine Isohyetenkarte mit großer räumlicher Auflösung.

Die Abbildung 30 - Verteilung der mittleren Jahresniederschläge der Periode 1931-1960 - wurde allerdings nicht direkt durch graphische Umwandlung der Isohypsen gewonnen, sondern durch Anwendung der Funktion $P = P(z)$ auf die digitalisierten Ortshöhen im quadratischen Raster. (Dabei läßt sich nämlich ohne weiteren Aufwand gleichzeitig der Gebietsniederschlag berechnen.) Die anschließende Umsetzung in Isohyeten wurde der Übersichtlichkeit halber auf Stufen von je 200 mm beschränkt, zusätzlich ist noch die 1700 mm-Isohyete aufgenommen. Deutlich heben sich im Südwesten die beiden hochalpinen Gebirgsstöcke Hochkalter und Watzmann mit Niederschlägen über 2600 mm ab, während die langgezogenen niedrigen Flußtäler und der Königssee mit Werten bis unter 1700 mm relativ »trocken« sind; der Unterschied entspricht immerhin etwa dem Jahresniederschlag von München. Zusätzlich sind die einzelnen Niederschlagsmeßstationen gekennzeichnet, soweit sich ihre Lage im Kartenoriginal des Maßstabes 1 : 25000 eindeutig feststellen ließ.

Speziell für Bayern sind bereits wiederholt mittlere Niederschlagshöhen aus verschiedenen Perioden kartiert, z. B. von HAEUSER (1927; 1930), LOHR (1950), KERN (1954) oder, für die gesamte Bundesrepublik Deutschland, von SCHIRMER (1955). Günstigenfalls sind diese Karten allerdings nur im Maßstab 1 : 200000 gehalten. Das bedeutet im Zusammenhang mit der Dichte des Stationsnetzes, ganz abgesehen von meßtechnischen Problemen der Niederschlagserfassung im Gebirge, »... daß die Karten im Flach- und Hügelland einen wesentlich größeren Genauigkeitsgrad besitzen als im Mittelgebirge oder gar im alpinen Teil, wo sie ... nur noch als stark schematisierte Übersichtskarten gelten können« (KERN, 1954).

Trotz dieser einschränkenden Bemerkungen soll eine solche großmaßstäbliche Karte als Vergleichsbasis für die Niederschlagskarte des Alpenparks, im Original 1 : 25000, dienen Dazu wurde das Isohyetenbild nach KERN (1971), ebenfalls mittlere jährliche Niederschlagshöhen der Periode 1931-1960, auf das Untersuchungsgebiet übertragen. Diese Isolinien sind in Abbildung 30 durch Strichlierung hervorgehoben.

Es zeigt sich im wesentlichen eine recht gute Übereinstimmung zu den berechneten Isohyeten. Bei diesem Vergleich ist zu berücksichtigen, daß Kern'sche Karte und regressionsgestützte P-z-Beziehung auf denselben Meßdaten basieren und daher zu ähnlichem Niederschlagsbild führen müssen. Bei genauerer Betrachtung fällt aber auf, daß die Isohyeten des Entwurfes von Kern gegenüber der Topographie leicht gegen Westen hin verschoben sind, besonders deutlich wird das im Gebiet von Hochkalter und Watzmann im Südosten. Damit sind also Aussagen über Luv- und Lee-Effekte verbunden, die bei Zugrundelegung einer überwiegenden westlichen Komponente des Windfeldes gerechtfertigt erscheinen. Ihre Quantifizierung beruht aber trotz langjähriger Erfahrung des Bearbeiters doch auf subjektivem Empfinden.

8.3 GEBIETSNIEDERSCHLAG

Intergration über die Niederschlagssummen an allen Gitterpunkten ergibt für den Alpenpark einen Gebietsniederschlag $\overline{P}$ von 1992 mm. Wegen der außerordentlich starken Reliefenergie des untersuchten Raumes besitzt er aber lokal nur beschränkten klimatologischen Aussagewert. Das zeigt sich zum Beispiel in den errechneten Extremwerten von 1643 mm bei $z_{Min} = 470$ m NN bzw. 2791 mm bei $z_{Max} = 2630$ m NN. Die Größe $\overline{P}$ wird jedoch als Input-Parameter für die Gebietswasserbilanz des gesamten Alpenparks benötigt. Darüber hinaus ist es im Vorgriff auf die in Kapitel 10 beschriebene Methode zur »punktuellen« Verdunstungsbestimmung erforderlich, Gebietsniederschläge auch für kleinere räumliche Einheiten zu berechnen. Die Grenzen dieser Teilgebiete werden zweckmäßig durch die oberirdischen Einzugsgebiete langjähriger Abflußpegel im Alpenpark gebildet (Beschreibung siehe Kapitel 9.1.1 und 9.1.2). Der Aufstellungsort der Pegel dient gleichzeitig zur Benennung der einzelnen Flußgebiete: Es sind dies die Einzugsgebiete Ilsank, Stanggaß, Schwöbbrücke und Schellenberg, die den Alpenpark mit Ausnahme einer Restfläche von etwa 80 km² im Nordosten nahezu vollständig abdecken und darüber hinaus auch österreichisches Territorium erfassen. Auch für diese Flächen - eine größere im Süden und eine kleinere im Westen - sind mit Ausnahme der Hangrichtung alle Basisdaten erhoben.

Es ergeben sich folgende Gebietsniederschlagshöhen: Ilsank 2062 mm, Stanggaß 1903 mm, Schwöbbrücke 2199 mm; für Schellenberg, das sich aus den drei erstgenannten Flächen plus »Schellenberg Rest« (1850 mm) zusammensetzt, erhält man 2051 mm.

Anschließend wurde die Niederschlagskarte von KERN planimetriert, wobei die außerhalb Bayerns liegenden Anteile der Flußgebiete des Alpenparks durch entsprechende Karten abgedeckt sind, die als Manuskript (Lehrstuhl für Bioklimatologie und Angewandte Meteorologie der Universität München) vorliegen. Für die beiden ausgewählten Bezirke Ilsank und Schellenberg ergibt das Niederschlagshöhen $\overline{P}$ von 2093 mm bzw. 2006 mm, die recht gut mit den berechneten Werten von 2062 mm und 2051 mm übereinstimmen. Damit wird deutlich, daß es einer Verbesserung der berechneten Niederschlagskarte des Alpenparks in bezug auf Luv- und Leewirkungen gar nicht bedarf, wenn daraus Gebietsniederschläge bestimmt werden sollen. Vermutlich gilt das auch für andere Regionen, wenn zwischen P und z ähnlich hohe Korrelationen bestehen. Gleichzeitig wird indirekt nochmals die Gültigkeit der aufgestellten mathematischen Beziehung zwischen Niederschlag und Seehöhe im Alpenpark bestätigt.

Obwohl es bei der Bedeutung des Gebietsniederschlages $\overline{P}$ als Input-Größe für die Wasserbilanz und davon ausgehend für die beabsichtigte differenzierte Darstellung von Abfluß und Verdunstung wünschenswert wäre, kann der statistische Fehler für $\overline{P}$ nicht angegeben werden. Das ist sofort klar, wenn man bedenkt, daß das Mittel beispielsweise für den gesamten Alpenpark aus ~ 12 000 geschätzten Einzelwerten gebildet wird, aber nur an einigen wenigen diskreten Punkten die Abweichung der beobachteten Niederschlagswerte von der Regressionskurve bekannt ist. Um aber wenigstens indirekt die Genauigkeit der Gebietsmittel zu beleuchten, wurde das 95 %-Vertrauensintervall für aus z vorhergesagte einzelne P-Werte berechnet. Die Abbildung 31 zeigt, daß mit 5 % Irrtumswahrscheinlichkeit für z_{Max} = 2630 m P zwischen 2669 und 2908 mm liegt, für z_{Min} = 470 m zwischen 1564 und 1719 mm und für das Mittel der in die Regression eingehenden Seehöhen $\overline{z}$ = 920 m zwischen 1783 und 1888 mm. Das bedeutet also, daß die Unsicherheit eines vorhergesagten P-Wertes um so größer ist, je weiter man sich vom Mittelwert von 920 m entfernt. (Die unabhängige Variable z ist wiederum als Ordinate aufgetragen, um die Höhenabhängigkeit anschaulich darzustellen.)

Betrachtet man daher gleichzeitig die Häufigkeitsverteilung aller Gitterpunktshöhen, so erkennt man die Zuordnung ihrer überwiegenden Anzahl zum engsten Bereich des Konfidenzgürtels. Es gehen also in die Berechnung von Gebietsmitteln $\overline{P}$ nur verhältnismäßig wenig Gitterpunkte mit einer Höhe z ein, deren tatsächlicher Niederschlagswert vom vorhergesagten Wert bei 95 % Sicherheit um mehr als ± 100 mm (ab etwa z = 2000 m) abweicht.

Trotz dieser unbefriedigenden Würdigung von $\overline{P}$ werden als weitere Arbeitshypothese die Gebietsmittel zunächst als fehlerfrei angesehen.

Abb. 31: —✕— Funktion P = P (z), ---- 95% Konfidenzgürtel
—— Häufigkeitsverteilung der unabhängigen Variablen z

9. Wasserbilanz einzelner Flußgebiete

Um einen ersten Überblick über den Wasserhaushalt des Alpenparks zu gewinnen, wird zunächst für einzelne Flußgebiete aus berechnetem Gebietsniederschlag $\overline{P}$ und an den Hauptentwässerern Ramsauer-, Bischofswieser-, Königsseer- und Berchtesgadener Ache gemessenem Abfluß $\overline{D}$ die Gebietsverdunstung $\overline{E}$ abgeschätzt. Werden langjährige Mittelwerte dieser Größen zugrundegelegt, dann sind Speicherung bzw. Aufbrauch mit Null anzusetzen und es gilt die einfachste Form der Wasserhaushaltsgleichung $\overline{P} - \overline{D} = \overline{E}$.

Die Auswahl der Pegel erfolgt daher analog zur Niederschlagserfassung nach der Verfügbarkeit von Abflußmessungen der Periode 1931-1960 (BAYER. LANDESSTELLE F. GEWÄSSERKUNDE, 1931-1960.) Kürzere, zudem unvollständige Meßreihen wie an den Pegeln Hintersee und Ramsau bleiben unberücksichtigt, ebenso der Pegel Unterjettenberg an der Saalach, dessen Einzugsgebiet von 920 km^2 nur zu einem Bruchteil innerhalb des Alpenparks liegt. Die oberirdischen Einzugsgebiete der verbleibenden Pegel Ilsank, Schwöbbrücke, Schellenberg und Stanggaß (vgl. Abbildung 32) werden in der topographischen Karte abgegrenzt, Grundlage dafür ist die Flußgebietskarte »Inn« im Maßstab 1:200000 (BAYER. LANDESSTELLE F. GEWÄSSERKUNDE, 1955). Aus der Anzahl der Gitterpunkte pro Gebiet ergibt sich die jeweilige Fläche F_P als Horizontalprojektion des Reliefs.

Die Abweichungen von F_P gegenüber den amtlichen durch Planimetrierung ermittelten Werten betragen maximal 0.6 % und dürfen daher vernachlässigt werden.

Die mittlere Gebietsabflußhöhe $\overline{D}$ (gerundet auf volle mm) beruht auf 30-jährigen Mitteln der Abflußspende Mq.

$$\overline{D} = \overline{Mq} \cdot 31{,}55328$$

Mq ist in der Einheit l sec^{-1}km^{-2} angegeben und auf die Horizontalprojektion F_P bezogen. Der Faktor 31.55328 ergibt sich aus der Länge eines Jahres mit durchschnittlich 365,2 Tagen = 31.55328 · 10^6 sec.

9.1 HYDROGEOLOGISCHE ABGRENZUNG

Bevor aber für jedes Flußgebiet die Bestimmung der Gebietsverdunstung $\overline{E}$ als Differenz von $\overline{P}$ und $\overline{D}$ erfolgen kann, ist zu klären, ob am Pegel auch wirklich der Gesamtabfluß erfaßt wird. Stimmen nämlich infolge des geologischen Aufbaues oberirdische und unterirdische Wasserscheiden nicht überein, so hat man es mit zusätzlichen unterirdischen Zu- oder Abflüssen benachbarter Einzugsgebiete zu tun. Da die Größe dieser Grundwasserströme normalerweise nicht bekannt ist, können sich bei der Erstellung der Gebietswasserbilanz merkliche Fehler einschleichen, wenn das Einzugsgebiet für einen Pegel hydrogeologisch nicht dicht ist.

Ein in der Hydrologie angewandtes Verfahren zur Eliminierung solcher Fehler besteht darin, daß beim Verdacht auf Undichtheit eines kleinen Einzugsgebietes sukzessive die angrenzenden Flächen in die Untersuchung miteinbezogen werden. Das geschieht so lange, bis man annehmen kann, am übergeordneten, letzten Pegel tatsächlich den gesamten ober- und unterirdischen Abfluß der vereinten Flächen zu erfassen. Selbstverständlich müssen auch die Gebietsniederschläge aller Einzelflächen bekannt sein. Anschließend läßt sich über Niederschlags-Abflußbeziehungen angenähert der Abfluß des ursprünglich interessierenden Einzugsgebietes rückrechnen. Im Rahmen der vorliegenden Untersuchung kann jedoch diese Möglichkeit nicht Anwendung finden, da die angrenzenden Flußgebiete von Saalach und Salzach, die in die Integration von P und D eingehen müßten, für eine Parametrisierung viel zu groß sind.

Daher können zunächst nur die Gebietswasserbilanzen derjenigen Einzugsgebiete des Alpenparks, die einer Überprüfung auf hydrogeologische Dichtheit standhalten, für die beabsichtigte Berechnung punktueller Verdunstungs- und Abflußwerte herangezogen werden. Die Beurteilung erfolgt nach zwei Gesichtspunkten: Einmal nach Art und Formation der Gesteine, zum anderen nach dem Relief. Dabei wird davon ausgegangen, daß das Verhältnis von oberirdischem zu unterirdischem Abfluß für ein Gebirge mit scharfen Graten und steilen Abhängen wesentlich größer ist - und daher die Abgrenzung des Einzugsgebietes mit der oberirdischen Wasserscheide eher zulässig ist - als für ein Hochplateau mit sonst gleichem geologischen Aufbau, wo zudem bereits die Festlegung der reliefbedingten Wasserscheide erhebliche Schwierigkeiten bereiten kann.

Die Untersuchung stützt sich auf geologische Übersichtskarten, stratigraphische Profile und zahlreiche sonstige Veröffentlichungen (ERTL-, GANNSS-, RICHTER 1937, CRAMER 1953, GIESSLER 1957, KUHN 1964, BAYER. GEOLOGISCHES LANDESAMT 1964, BRANDECKER/MAURIN/ZÖTL 1965, BRANDECKER 1974, RICHTER/LILLICH 1975 und VÖLKL 1977).

9.1.1 SÜDTEIL DES ALPENPARKS

Die Grenze im Osten (vgl. hierzu Abbildungen 1 und 32) verläuft zwar größtenteils auf zur Verkarstung neigendem Dachsteinkalk, doch wesentlich näher am Steilabfall des Hagengebirges zum Königssee

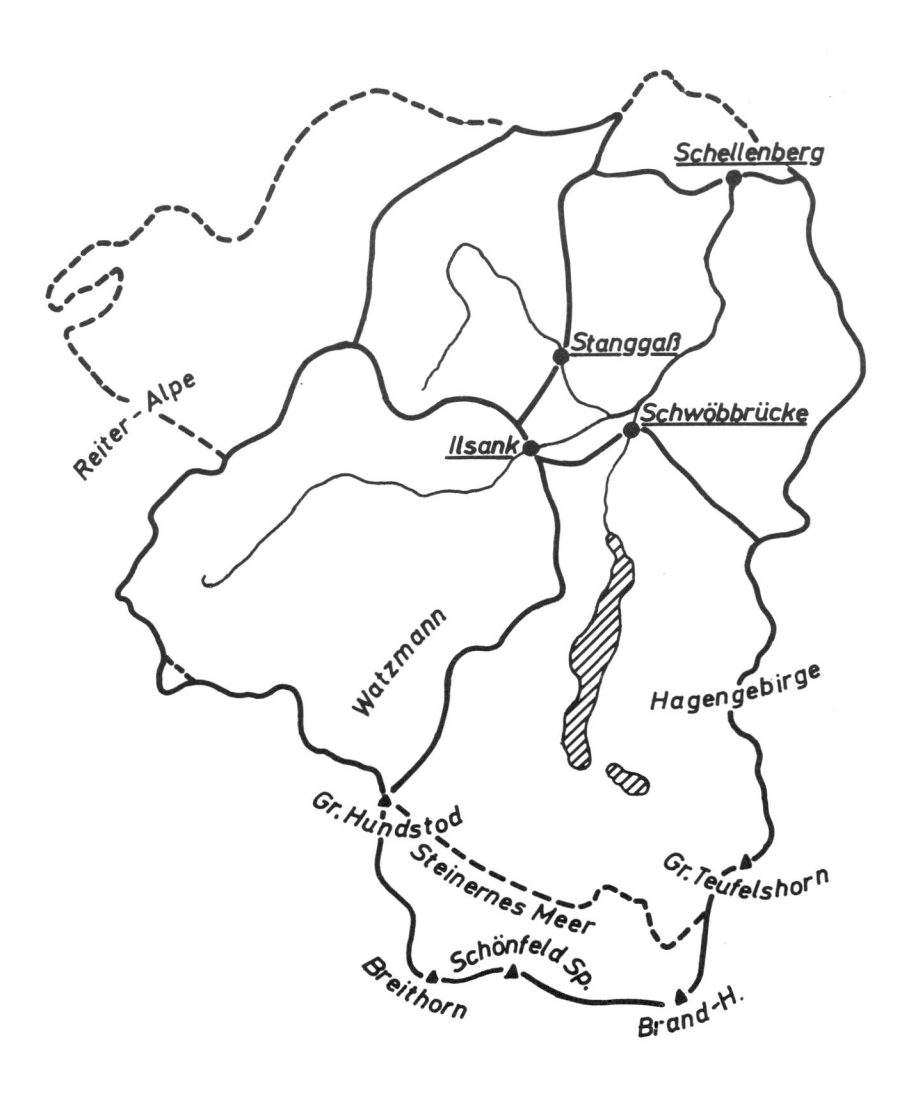

Abb. 32: Geographische Lage von Flußpegeln im Alpenpark und deren Einzugsgebiete

hin als auf der sich weiter östlich anschließenden Plateaufläche, die zur Salzach hin entwässert, was dort zahlreiche Karstquellen anzeigen. Ein eindrucksvoller experimenteller Beweis für die Dichtheit nach Westen zu gelang kürzlich mit Markierungsversuchen, die im Auftrag des Österreichischen Bundesministeriums für Land- und Forstwirtschaft durchgeführt wurden. Dabei wurden u. a. an zwei etwa 1500 m östlich der orographischen Wasserscheide gelegenen Schwinden eingespeiste Tracer n u r im Einzugsgebiet der Salzach nachgewiesen. Die Beobachtung an Quellen im Blühnbachtal (südöstlich Gr. Teufelshorn), an der Fischunkelalm, am Obersee und Königssee sowie an rechtsseitigen Zuflüssen zum Königssee verlief negativ. »Die Einzugsgebiete dieser Quellen dürften in den randlichen Bereichen des Plateaus zu suchen sein« (VÖLKL, 1977).

Weiter nach Süden zu trifft man schichtungslosen Riffkalk an, der ebenfalls stark wasserdurchlässig ist, doch wird das hydrogeologisch problematische Steinerne Meer mit nahezu seiner gesamten Plateaufläche vom Teufelshorn über Brandhorn, Schönfeldspitze und Breithorn bis zum Gr. Hundstod in das Einzugsgebiet Schwöbbrücke eingegliedert. Es schließt sich eine Zone mit Ramsaudolomit an, die im Bereich von Hochkalter und Reiteralpe im Westen wieder von Dachsteinkalk abgelöst wird. Hier ist die Übereinstimmung oberirdisches-unterirdisches Einzugsgebiet fraglich, wie hydrogeologische Untersuchungen beim Bau des Dießbach-Speichers (Einzugsgebiet Saalach) ergeben haben. Dort eingefärbte Wasserschwinden konnten in einem Falle an der Quellfassung im äußeren Wimbachtal nachgewiesen werden (BRANDECKER et al. 1965).

Ähnliches wie für das Hagengebirge gilt für die südliche Reiteralpe, wo wegen der Nähe der oberirdischen Wasserscheide zum Steilabfall ins Tal des Klausbaches und des Hintersees kaum größere unterirdische Wasserbewegungen vom oder zum Einzugsgebiet Ilsank hin anzunehmen sind.

Hat man es bis hierher überwiegend mit nacktem Felsgestein zu tun, so verläuft im Norden die restliche Grenze Ilsank gegen Stanggaß und Schwöbbrücke gegen »Schellenberg Rest« auf den verdichteten Böden der Grundmoränen. Zahlreiche Oberflächengewässer vor allem zum linksseitigen Ufer der Ramsauer Ache bekräftigen die Vermutung, daß unterirdische Zu- oder Abflüsse, wenn überhaupt vorhanden, nur eine untergeordnete Rolle spielen.

Die Wasserscheide zwischen den beiden Gebieten Ilsank und Schwöbbrücke schließlich liegt teilweise auch auf den Moränen, zum Teil aber entlang des Grates des Watzmannmassivs, wo wegen der enormen Steilheit des Reliefs trotz Karstbildung ebenfalls Übereinstimmung von ober- und unterirdischem Einzugsgebiet angenommen wird.

Insgesamt gesehen ergibt also die Überprüfung des Südteils des Alpenparks keinen Hinweis auf b e d e u t e n d e unterirdische Zu- oder Abflüsse. Für die weitere Bearbeitung werden daher die beiden Flußgebiete der Ramsauer- und Königsseer Ache mit ihren Pegeln bei Ilsank und Schwöbbrücke als hydrogeologisch dicht angesehen.

9.1.2 NORDTEIL DES ALPENPARKS

Hier braucht die hydrogeologische Untersuchung nicht so umfassend wie für den Südteil durchgeführt zu werden, da mit dem Untersberg an der Grenze der Flußgebiete Bischofswieser Ache (Pegel in Stanggaß), Berchtesgadener Ache bis Schellenberg sowie Saalach und Salzach (außerhalb des Alpenparks) bereits eine außerordentlich undichte Stelle bekannt ist. Auf diesem stark verkarsteten Hochplateau aus Dachsteinkalk und Ramsaudolomit, durchzogen von nach Norden fallenden Raibler Schichten, »wo das Niederschlagswasser in dem kluftigen Kalkgestein versitzt und entsprechend dem generellen Schichtfallen an wasserstauenden Horizonten nach Norden wandert, wo es am Nordfuß zutage tritt . . .« (GANSS,-), ist mit Sicherheit keine Übereinstimmung von oberirdischer Wasserscheide und unterirdischem Einzugsgebiet gegeben. Die austretenden Quellen sind so ergiebig, daß sie für die Wasserversorgung der Stadt Salzburg von entscheidender Bedeutung sind.

Besonders betroffen wird davon das Gebiet Stanggaß, in dem die größte Fläche des Untersberges liegt. Auch auf die Wasserbilanz des Hauptfluters Schellenberg wirken sich die unterirdischen Verluste aus.

9.2 BILANZEN FÜR ILSANK UND SCHWÖBBRÜCKE

I l s a n k umfaßt eine Fläche F_P von 121,44 km² mit einer mittleren Höhe von 1353 m. Aus dem berechneten Gebietsniederschlag $\overline{P}$ von 2062 mm ergibt sich bei einer Abflußhöhe $\overline{D} = 1387$ mm eine jährliche Gebietsverdunstung $\overline{E} = 675$ mm.

S c h w ö b b r ü c k e mit einer Fläche von 156.56 km² hat infolge seiner höheren Lage ($\overline{z} = 1589$ m) grössere Niederschläge, aber geringere Verdunstung zu erwarten: $\overline{P} = 2199$ mm, $\overline{D} = 1626$ mm, $\overline{E} = 573$ mm.

9.3 BILANZEN FÜR STANGGASS UND SCHELLENBERG

Obwohl S t a n g g a ß , wie eben festgestellt, nicht als rundum dicht angesehen werden darf, wird auch für dieses Einzugsgebiet die Wasserbilanz aufgestellt, zunächst innerhalb der amtlichen orographischen Wasserscheide. Vom Pegel selbst liegen erst ab 1951 Abflußmeßwerte vor, eine Reduktion auf die Normalperiode 1931-1960 ist erforderlich. Als Vergleichsreihe bieten sich die Messungen am Unterlieger Schellenberg an. Die Korrektur der Abflußspende Mq wird nach dem Quotientenverfahren durchgeführt:

$$\overline{Mq}^{(31-60)}{}_{Stangg.} = \overline{Mq}^{(51-65)}{}_{Stangg.} \cdot \overline{Mq}^{(31-60)}/\overline{Mq}^{(51-65)}{}_{S'berg}$$

Die sich daraus ergebende Abflußhöhe $\overline{D}$ von 1052 mm führt in Verbindung mit $\overline{P} = 1093$ mm zu einer Gebietsverdunstung $\overline{E} = 851$ mm ($F_P = 48,0$ km²). Wenn auch $\overline{z} = 1046$ m rund 300 m geringer als bei Ilsank ist, so erhebt sich doch die Frage - ohne zunächst auf die angesprochene Problematik der hydrogeologischen Abgrenzung einzugehen -, ob dieser für ein Gebietsmittel doch enorm hohe Wert rea-

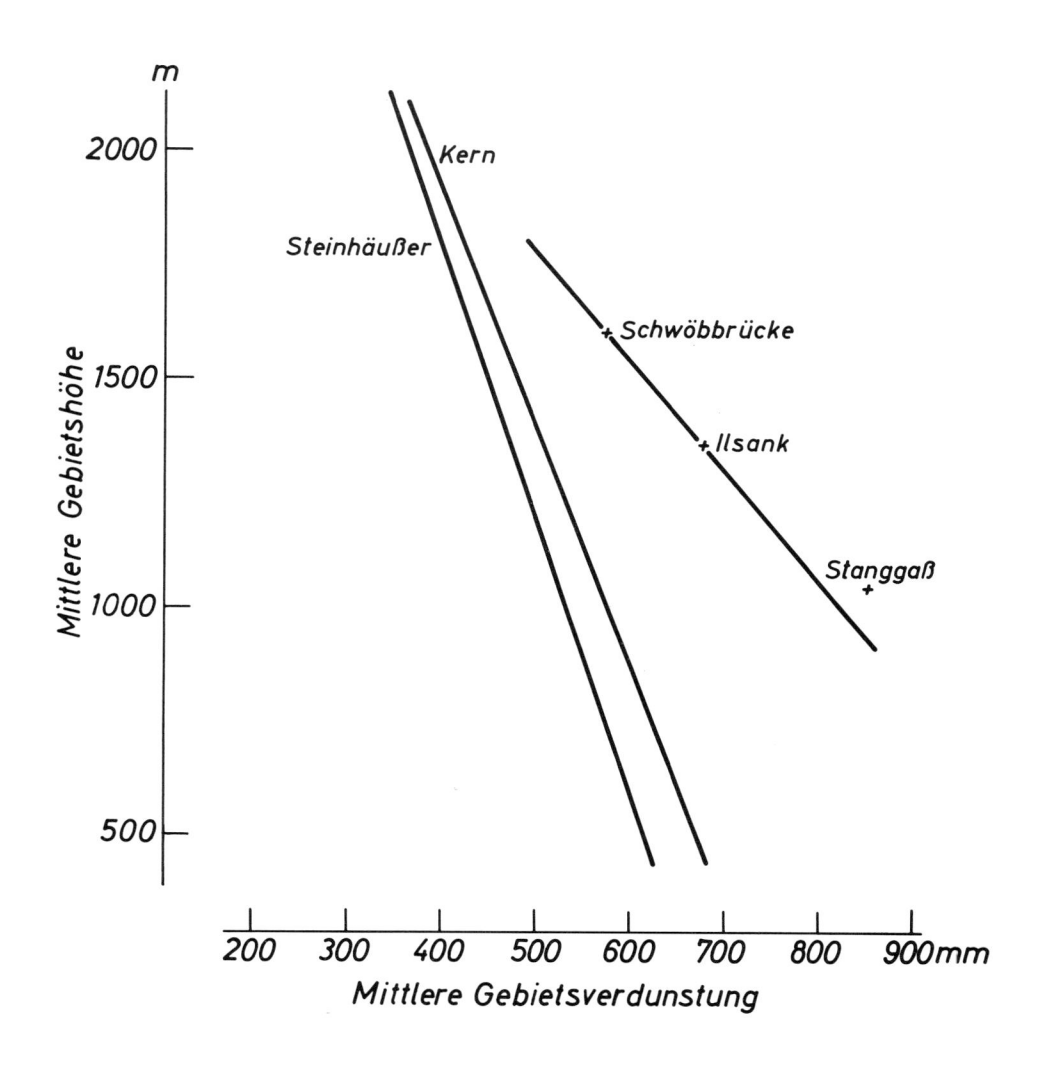

Abb. 33: Beziehung zwischen Jahres-Gebietsverdunstung und mittlerer Seehöhe für a) österreichische Flußgebiete (nach STEINHÄUSSER), b) Zentralteil der Bayerischen Alpen (nach KERN) und c) Flußgebiete des Alpenparks

listisch ist. Eine Gegenüberstellung mit Gebietsverdunstungswerten aus anderen, weitaus großräumigeren Untersuchungen, so bei REICHEL (1957), STEINHÄUSSER (1970) oder KERN (1975) mit $\overline{E} \approx$ 550 mm für $\overline{z}$ = 1000 m, läßt noch keine Aussage über die Möglichkeit unserer Verdunstungsgröße zu, da auch die beiden Bezirke Ilsank und Schwöbbrücke sich charakteristisch von diesen unterscheiden: Zum Vergleich sind in Abbildung 33 die Höhenprofile der Gebietsverdunstung nach Kern und Steinhäusser aufgetragen, die einen linearen Ausgleich zwischen $\overline{E}$ und $\overline{z}$ erlauben. Verfährt man ebenso mit Ilsank und Schwöbbrücke, wohl wissend, daß zwei Einzugsgebiete den Kurvenverlauf noch nicht absichern, so liegt Stanggaß etwa 50 mm über dem erwarteten Wert von ungefähr 800 mm. Diese Tatsache allein will noch nichts besagen, im Zusammenhang mit der Korrektur der Abflußhöhen ist jedoch Vorsicht geboten: Unter der bereits vereinbarten Annahme, daß die Gebietsniederschläge innerhalb der vorgegebenen Grenzen richtig erfaßt sind, ergäbe ein Fehler von - 5 % oder 52 mm bei der Abflußhöhe eine Verdunstung von 799 mm, die zwar immer noch verhältnismäßig hoch wäre, aber besser in die Charakteristik des Alpenparks passen würde. (Andererseits ließe ein Fehler beim Niederschlag von ± 5 % = ± 96 mm bei richtigem Abfluß Verdunstungswerte zwishen 755 und 947 mm erwarten.)

Klammert man dagegen, weil eine eindeutige Abgrenzung des Abflußgebietes im Norden nicht möglich ist, den Untersberg mit einer sicher nicht zu hoch gegriffenen Fläche von 2 km² (mittlere Höhe etwa 1700 m) aus, so ist an der Spende (lsec^{-1}km^{-2}) am Pegel Stanggaß eine Korrektur anzubringen, die diesen Wert erhöht und zu einem Gebietsabfluß $\overline{D}$ = 1091 mm führt.

Um diese 2 km² ist auch das Niederschlagsgebiet zu verkleinern, was sich infolge der rund 650 m über dem berechneten Höhenmittel von Stanggaß $\overline{z}$ = 1046 m liegenden Fläche auch auf $\overline{P}$ auswirken muß. Eine grobe Abschätzung über Gleichung 24 liefert für dieses Teilgebiet einen mittleren Niederschlag von etwa 2240 mm oder von umgerechnet 4.48 · 10⁹ l. Dieser Betrag ist von der ursprünglich ermittelten Niederschlagsmenge des Gesamtgebietes von 9.13 · 10¹⁰ l (aus 1903 mm · 48 km²) abzuziehen, woraus sich für die neue Fläche F_P = 46 km² ein Gebietsniederschlag $\overline{P}$ = 1890 mm ergibt. Die Verdunstung $\overline{E}$ liegt nun bei 800 mm.

Die Unsicherheit von Niederschlags- bzw. Abflußfläche von Stanggaß wirkt sich auch auf das übergeordnete Gebiet S c h e l l e n b e r g aus, infolge seiner wesentlich größeren berechneten Fläche von 411.64 km² bewegen sich die Fehler der hydrologischen Parameter in kleineren Grenzen. Ohne Berücksichtigung von Korrekturen erhält man aus der Bilanz von $\overline{P}$ = 2050 mm und $\overline{D}$ = 1367 mm eine Gebietsverdunstung von 683 mm ($\overline{z}$ = 1323 mm.)

Zum Schluß dieses Abschnitts sind in Tabelle 12 die Gebietsmittel für alle vier Pegel zusammenfassend dargestellt; den beiden undichten Einzugsgebieten Stanggaß und Schellenberg liegen ebenfalls die auf den orographischen Wasserscheiden beruhenden Flächen zugrunde, da eine exakte Abgrenzung ihres tatsächlichen Abflußgebietes nicht möglich ist.

Pegel Flußgebiet	Ilsank Ramsauer A.	Schwöbbr. Königss. A.	Stanggaß B'wieser A.	Schellenberg B'gadener A.
$\overline{z}$ (m)	1353	1598	1046	1323
F_P (km²)	121,44	156,56	48,00	411,64
$\overline{P}$ (mm)	2062	2199	1903	2050
$\overline{D}$ (mm)	1387	1626	1052	1367
$\overline{E}$ (mm)	675	573	851	683

Tab. 12: Unkorrigierte Gebietsmittelwerte von Niederschlag, Abfluß und Verdunstung für die Flußgebiete des Alpenparks

10. Verdunstung (E)

Mit den Gebietsmitteln von Niederschlag, Abfluß und Verdunstung sind bereits weitere charakteristische Elemente für eine, wenn auch nur sehr allgemeine, Klimabeurteilung bestimmt. Im Rahmen einer topoklimatologischen Beschreibung muß jedoch, analog wie es bei der Kartierung des Niederschlags bereits geschah, auch für D und E eine weitergehende Quantifizierung mit hoher räumlicher Auflösung angestrebt werden. Die Abflußmessung ist im allgemeinen mit kostspieligen Einrichtungs- und Betreuungsmaßnahmen verbunden und daher nur an einigen wenigen Punkten möglich, wo sie wiederum nur »flächige« Informationen liefert. Die Erstellung einer differenzierten Abflußkarte auf der Basis von Messungen ist daher völlig undenkbar. Liegen aber Verdunstungsdaten in gleicher Dichte wie die Niederschlagsdaten vor, so läßt sich über die Beziehung D = P - E auch der Abfluß mit derselben Auflösung kartieren. Bezogen auf das Projekt »Alpenpark« stellt sich also die Aufgabe, jeder einzelnen Flächeneinheit F_P^i von 200 x 200 m bzw. dem Gitterpunkt, der sie repräsentiert, einen Verdunstungswert zuzuordnen.

Das Vorgehen zur Bewältigung dieser Problematik sei kurz skizziert: Über eine empirische Formel, in die nur die Seehöhe z als unabhängige Variable eingeht, wird zunächst die potentielle Jahresverdunstung an jedem Gitterpunkt bestimmt. Wegen ausreichenden Wasserangebots wird ihr die aktuelle gleichgesetzt. Alle Werte werden mit Relieffaktoren gewichtet, die die wahre Oberfläche berücksichtigen. Flächenintegration liefert für jedes Flußgebiet eine Gebietsverdunstung $\overline{E_T}$, die mit dem erwarteten Wert $\overline{E} = \overline{P} - \overline{D}$ verglichen wird. Die bestehenden Unterschiede lassen sich erheblich verringern, wenn Vegetationsfaktoren eingeführt werden, die man für die beiden dichten Einzugsgebiete Ilsank und Schwöbbrücke bestimmt. Anschließend erfolgt die Verdunstungsbestimmung für die restlichen Punkte des Alpenparks, die außerhalb der vier Flußgebiete liegen.

Die Schwierigkeiten der Verdunstungsbestimmung, theoretisch ebenso wie experimentell, zeichnen sich schon am Umfang der hierzu vorhandenen Literatur ab. Allein die Evaporation des nackten Bodens hängt bereits von einer Reihe von Faktoren ab, hauptsächlich von Lufttemperatur und -feuchte, Oberflächentemperatur, Wasserversorgung und physikalischer Beschaffenheit des Bodens, Windgeschwindigkeit und Turbulenz. Zusätzliche Komplikationen ergeben sich aus der Transpiration des Bewuchses.

Dem Ideal einer theoretischen Lösung weitgehend nahekommen wäre wohl die Anwendung einer physikalischen Gleichung von der Art der »thermodynamischen Verdunstungsformel« (HOFMANN, 1955), ihre Eingangsparameter Strahlungsbilanz, Bodenwärmestrom bzw. Wärmestrom aus dem Pflanzeninnern, Wärmeübergangszahl und Sättigungsdefizit stehen jedoch für diese Untersuchung sämtlich nicht zur Verfügung. Aus ähnlichen Gründen kommen auch viele andere physikalische, empirische oder kombinierte Ansätze nicht in Betracht, auch wenn sie, um nur einige zu nennen, wie die Formeln von ALBRECHT (1951), PENMAN (1948) oder TURC (1954) nicht ganz so komplex aufgebaut sind. Dagegen basiert die empirische Gleichung von THORNTHWAITE (1948) zur Berechnung der potentiellen Evapotranspiration bei unbeschränktem Wasserangebot nur auf einer einzigen Größe, der Lufttemperatur, die häufig zur Verfügung steht. Gezwungen durch das Fehlen jeglicher anderer Größen, soll daher die punktuelle Verdunstungsbestimmung im Alpenpark auf der Thornthwaite-Formel aufbauen, die im folgenden kurz dargestellt wird.

10.1 POTENTIELLE EVAPOTRANSPIRATION

Thornthwaite's empirische Formel stützt sich auf Verdunstungsmessungen an der Ostküste der USA mit Freilandlysimetern, die im Laufe der Zeit mit unterschiedlicher, im Durchschnitt aber niedriger Grünlandvegetation bedeckt waren. Aus den Ergebnissen ergab sich folgender Zusammenhang zwischen Evapotranspiration und Lufttemperatur:

$$E_{Th,M} = 16 \cdot (10 \cdot \overline{t_M}/I)^a \cdot F, \qquad (25)$$

mit $E_{Th,M}$ = monatliche pot. Evapotranspiration
$\overline{t_M}$ = Monatsmittel der Lufttemperatur
I = Jahressumme des monatlichen Wärmeindex $i = (\overline{t_M}/5)^{1.514}$
a = Kubische Funktion von I.

Über den Faktor F erfolgt eine Anpassung bezüglich Monatslänge und potentieller Sonnenscheindauer in Abhängigkeit von der geographischen Breite. Die Berechtigung zu diesem Ansatz, zum Zusammenhang von Temperaturmittelwerten und Größe der Verdunstung also, leiten THORNTHWAITE und MATHER (1954) aus einer festen Relation zwischen dem der Erwärmung der Luft dienenden und dem für die Verdunstung aufzuwendenden Anteil der Nettostrahlung ab.

Die Ergebnisse dieser Versuchsserie lassen sich nicht ohne weiteres auf andere Klimaregionen übertragen, worüber nach GANGOPADHYAHA et. al. (1966) umfangreiche, jedoch widersprüchliche Literatur existiert. Auf die Anwendbarkeit für alpine Regionen wie den Nationalpark wird am Ende dieses Abschnittes noch eingegangen. Grundsätzliche Einwände werden ferner bei der Anwendung der Formel auf kurze Zeiträume geltend gemacht, »da Mitteltemperaturen weder für die zur Verdunstung verfügbare noch dafür tatsächlich aufgewendete Energie ein geeignetes physikalisches Maß darstellen« (HOUNAM, 1971). Mit der für den Alpenpark beabsichtigten Berechnung von Jahreswerten wird diese Kritik jedoch umgangen.

Sicher wäre die Berechnung von Monatsmitteltemperaturen $\bar{t}_M$ für jeden Gitterpunkt durch Funktionen $\bar{t}_M = f(z)$ analog zu der in Kapitel 6 beschriebenen Gleichung 23 (für $\bar{t}_{Jahr}$) durchführbar. Einfacher aber ist es, die mittleren jährlichen Summen der potentiellen Verdunstung direkt als Funktion der Seehöhe anzugeben: In einer Voruntersuchung wurde auf etwa 200 Stationen des gesamten Alpenraums bis in Höhen knapp über 3000 m, für die $\bar{t}_M$ bekannt ist, Thornthwaite's Formel angewendet. Dabei ergab sich ein linearer Zusammenhang zwischen jährlicher Verdunstung und Mitteltemperatur $\bar{t}_{Jahr}$ (r=0.993) bzw. Verdunstung und Seehöhe (r=0.905). Diese Ergebnisse ließen auch für ein relativ kleines Gebiet wie den Alpenpark und seine Umgebung ähnlich straffe Korrelationen erhoffen: Für dieselben 17 Stationen, die für die Ermittlung des Temperaturprofils benutzt wurden (Kap. 6), erhält man lineare Beziehungen zwischen Jahresverdunstung und Temperatur $\bar{t}_{Jahr}$

$$E_{\bar{t}} = 390.8 + 25.32 \cdot \bar{t}_{Jahr} \quad (r=0.986) \quad (26)$$

und zwischen Verdunstung und Seehöhe z

$$E_z = 655.1 - 12.30 \cdot z \quad (r=-0.996). \quad (27)$$

Aufgrund des etwas größeren Korrelationskoeffizienten und wegen der direkten Berechnungsmöglichkeit über z wird Gleichung 27 verwendet, aus der sich die mittlere Jahressumme der potentiellen Evapotranspiration E_z, bezogen auf den Zeitraum 1931-60, in mm ergibt, wenn z in hm eingesetzt wird.

Für die niedrigste Stelle im Alpenpark (z = 470 m) erhält man damit eine größte Verdunstung in Höhe von 597 mm. Da dieser Wert die Niederschlagshöhe auch nicht annähernd erreicht, zur Verdunstung also genügend Wasser zur Verfügung steht, darf die aktuelle Evapotranspiration der potentiellen gleichgesetzt werden.

Die Summe aller einzelnen Verdunstungswerte, geteilt durch die Anzahl der Gitterpunkte, liefert Gebietsverdunstungshöhen $\bar{E}_z$. Vergleicht man die Mittel $\bar{E}_z$ der vier Einzugsgebiete mit $\bar{E} = \bar{P} - \bar{D}$ (Tabelle 13), so betragen die Abweichungen durchschnittlich -28 %, bei Beschränkung auf die beiden sicheren Pegel Ilsank und Schwöbbrücke immer noch -24 %. Stanggaß hebt sich wiederum auffällig von den übrigen Flächen ab.

	Ilsank	Schwöbbr.	Stanggaß	Schellenberg
$\overline{P-D}$ (mm)	675	573	851	683
$\bar{E}_z$ (mm)	489	458	526	492
Abweichung (%)	−27,6	−20.1	−38.2	−28.0

Tab. 13: Vergleich von erwarteter ($\overline{P-D}$) und berechneter ($\bar{E}_z$) Gebietsverdunstung in den Einzugsgebieten des Alpenparks

Die Unterschätzung der auf Thornthwaite's Formel basierenden Verdunstung für unseren Klimabereich haben auch andere Autoren festgestellt, allerdings nicht im selben Ausmaß. So teilt KERN (1975) für Südbayern maximale Differenzbeträge der Gebietsverdunstung von 60 bis 70 mm/Jahr gegenüber den aus Niederschlag minus Abfluß abgeleiteten Werten mit, entsprechend einem Fehler von etwa 10 %. Für München errechnet HOFMANN (1960) unter Anwendung seiner thermodynamischen Formel eine mittlere Jahresverdunstung von 636 mm, nach THORNTHWAITE (1964) ergeben sich 589 mm.

Die Gründe dafür sind zunächst in dem Umstand zu sehen, daß die Gleichung von Thornthwaite die Bestimmung der Verdunstung nur für positive Mittel der Lufttemperatur erlaubt. Im Alpenpark liegen die Monatsmittel aber in 500 m Seehöhe von Dezember bis Februar, in 1800 m sogar von Dezember bis März unter dem Gefrierpunkt, für München (530 m) beispielsweise treffen jedoch nach MAYR (1928) auf Dezember bis Februar bereits 4 % der jährlichen Verdunstung. In diesen Monaten treten aber immer wieder Tage mit positiven Temperaturen auf, so daß die Anwendung der Thornthwaite'schen Formel auf entsprechend kurze Zeiträume auch in den Wintermonaten Verdunstungswerte größer Null ergeben würde. Die Berechnung der Evapotranspiration aus Monatsmitteln der Temperatur, auf die sich die Funktion $E_z = f(z)$ stützt, muß im Alpenpark also zwangsläufig zu niedrige Werte liefern. Hinzu kommt, daß man bei den bestehenden großen Reliefunterschieden mit der Horizontalprojektion des Geländes die Größe der verdunstenden Fläche für die Bildung des Gebietsmittels aus der Summe von Einzelwerten zu gering ansetzt. Legt man dagegen die tatsächlichen Oberflächen der Einzugsgebiete als Verdunstungsflächen zugrunde, so wird man die Gebietsmittel erhöhen und damit besser an die Differenzen $\overline{P-D}$ anpassen.

10.2 DER EINFLUSS DES RELIEFS

Die Bestimmung des Gebietsniederschlages ging mangels geeigneter Daten über die Windverhältnisse davon aus, daß der Niederschlag im Mittel senkrecht auf die Ebene fällt. Unter dieser Annahme konnte der Gebietsniederschlag über die Größe der Interzeptionsfläche über dem Einzugsgebiet berechnet werden, die wiederum gleich der Horizontalprojektion F_P des Reliefs ist, vgl. Abbildung 34.

Die Verdunstung findet dagegen auf der **tatsächlichen** Oberfläche F_T statt, die im Gebirge infolge starker Hangneigungen wesentlich größer als die projizierte Fläche F_P ist. Durch die Flächeneinheit der Horizontalprojektion ist dann der Verdunstungsstrom größer als durch die des geneigten Geländes. Den Abtransport des Wasserdampfes übernehmen Turbulenz und Advektion. Zusätzliche Vergrößerung der verdunstenden Oberfläche durch Bewuchs oder Bebauung bleibt in diesem Zusammenhang unberücksichtigt, nur der Einfluß des Reliefs soll untersucht werden.

Näherungsweise geschieht die Berechnung der realen Fläche F_T', die ein Gitterpunkt repräsentiert, über die für jede Einheitsfläche $F_P' = 200 \times 200$ m bekannte mittlere Hangneigung n (Abbildung 35). Ohne auf

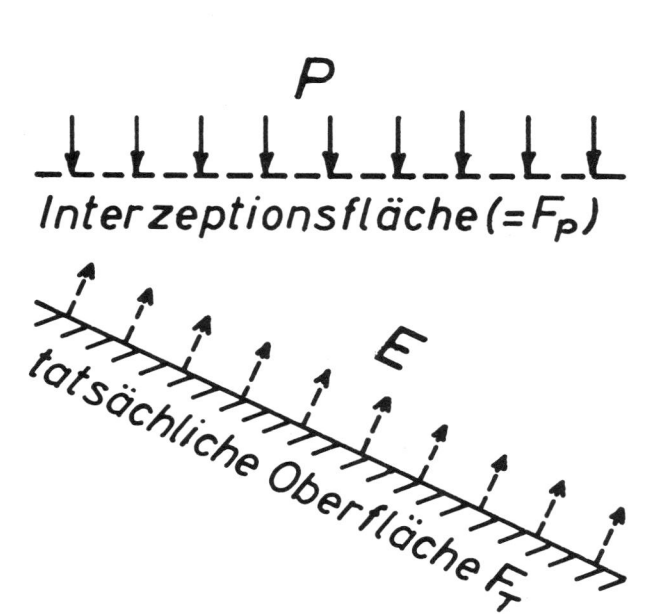

Abb. 34: Niederschlags- und Verdunstungsfläche bei geneigtem Gelände

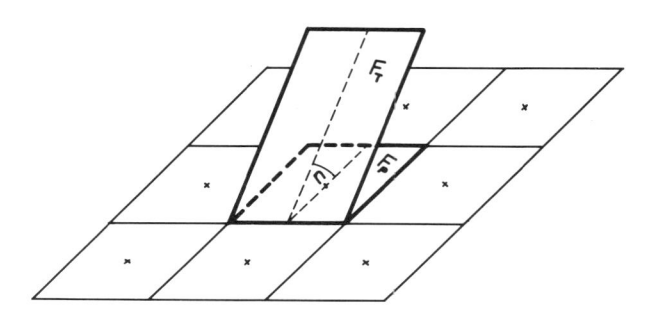

Abb. 35: Überführung der Kartenoberfläche F_P' durch die Hangneigung n in die wahre Oberfläche F_T'

Höhenunterschiede quer zu dieser Neigungslinie einzugehen, erhält man

$$F_T' = \frac{200\,m \cdot 200\,m}{\cos n}$$

$$F_T' = \frac{F_P'}{\cos n} \quad (28)$$

Das bedeutet, daß bei Neigungen von 60° beispielsweise sich Fläche und damit auch Verdunstungsmenge verdoppelt.

Man wird einwenden, daß bei geneigten Flächen das Niederschlagswasser aber um so rascher abfließt, je steiler der Hang, und daher die Verdunstungsmenge nicht unbeschränkt proportional der Neigung zunehmen kann. Die Ermittlung eines »Grenzwinkels« für diese Zunahme, der zusätzlich auch von der Beschaffenheit der Oberfläche abhängig ist, wäre eine experimentelle Aufgabe, mit der in Zukunft ähnliche Untersuchungen exakter durchgeführt werden könnten. Im Rahmen der vorgegebenen Möglichkeiten muß diese Näherungsmethode zunächst als ausreichend angesehen werden, Verfeinerungen ergeben sich indirekt bei der Berücksichtigung der Art der Vegetationsdecke in Abschnitt 10.3.

Ist über Gleichung 27 die Verdunstungshöhe bekannt, so ergibt sich für die tatsächliche Fläche F_T' ein Verdunstungsvolumen

$$V_T = E_z \cdot F_T'. \quad (29)$$

V_T ist an jedem Gitterpunkt neu zu berechnen, da es nicht mehr wie E_z linear von der Seehöhe z abhängt. Die Summe aller Teilvolumina liefert die Gebietsverdunstungsmenge $\overline{V_T}$ in Litern.

Die Bilanzgleichung für ein Einzugsgebiet lautet damit

$$\overline{P} \cdot F_P - \overline{D} \cdot F_P = \overline{V_T}, \quad (30)$$

oder, bezogen auf die kartierte, projizierte Fläche F_P

$$\overline{P} - \overline{D} = \overline{E_T} = \frac{\overline{V_T}}{F_P}. \quad (31)$$

Setzt man $\overline{E_T}$ wiederum zu den Erwartungswerten $\overline{P} - \overline{D}$ in Relation - in Tabelle 14 sind zusätzlich mittlere Gebietsneigung, reale Oberfläche und deren Abweichung von der projizierten Fläche angegeben -, so sind die Verdunstungshöhen von Ilsank und Schwöbbrücke mit -2.7 bzw. + 6.3 % Abweichung nur noch mit vergleichsweise geringen Fehlern behaftet. Auch für Schellenberg kommt die berechnete Gebietsverdunstung der Größe $\overline{P} - \overline{D}$ schon recht nahe, während Stanggaß nach wie vor eine unverhältnismäßig hohe Abweichung zeigt und damit die

	Ilsank	Schwöbbr.	Stanggaß	Schellenberg
F_P (km²)	121.44	156.56	48.00	411.64
F_T (km²)	166.63	210.82	57.35	533.93
Vergrößerung (%)	37.2	34.3	19.5	29.7
$\overline{n}$ (grd)	34.4	31.5	26.0	29.9
$\overline{P} - \overline{D}$ (mm)	675	573	851	683
$\overline{E_T}$ (mm)	657	612	628	629
Abweichung (%)	-2.7	6.3	-26.2	-7.9

Tab. 14: Verebnete Oberfläche (= Niederschlagsfläche) F_P, tatsächliche (verdunstende) Fläche F_T und sich daraus ergebende Gebietsverdunstung $\overline{E_T}$ im Vergleich zum Erwartungswert $\overline{P} - \overline{D}$.

kritischen Einwände gegen die Abflußermittlung für dieses Einzugsgebiet nicht entkräftet. Die Verbesserungen gegenüber den $\overline{E}_z$-Werten aus Tabelle 13 entsprechen etwa den prozentualen Flächenvergrößerungen.

Nach einer generellen Unterschätzung der angenommenen Gebietsverdunstung aller vier Einzugsgebiete durch $\overline{E}_z$, das auf Thornthwaite's Formel beruht, führt die allgemeine Verbesserung durch Berücksichtigung der wahren Flächen jetzt teilweise sogar zu einer Überschätzung. Das legt den Schluß nahe, daß die noch bestehenden Differenzen in unterschiedlicher Art und Häufigkeit der Oberflächenbedeckung zu suchen sind.

10.3 DER EINFLUSS DER VEGETATION

Die Ergebnisse der Lysimeterversuche mit unterschiedlichen Vegetationsdecken zwingen Thornthwaite »zu dem unorthodoxen Schluß, daß die potentielle Verdunstung unabhängig ist vom Entwicklungsstadium oder der Art der Bepflanzung, von der Pflanzendichte oder von Kultivierungsmaßnahmen ...« Diese Folgerung beruht, und daher wird sie zum Teil verständlich, auf den Messungen mit nur zwei Arten, Spinat und Mais, die sich als einjährige Pflanzen mit eingeschränkter Vegetationszeit und damit verbundener relativ geringer Durchwurzelung des Bodens voneinander kaum, von Dauerbestockung wie Wald aber spezifisch unterscheiden. Im Zusammenhang mit dem Begriff »potentielle« Verdunstung, auf den Thornthwaite abhebt, mag daher diese Aussage für die Mehrzahl von Kulturpflanzen und für Rasen, oder allgemein für Grünland, richtig bleiben, da mit dieser Definition immer genügend Wasser für die Verdunstung vorausgesetzt war.

Daß sich Wald bereits in der potentiellen Verdunstung infolge gänzlich andersgearteter aerodynamischer und strahlungsenergetischer Verhältnisse vom Grünland unterscheiden muß, dokumentiert eine Zusammenstellung physikalischer und meteorologischer Daten (Tabelle 15). Wenn demnach über Wäldern infolge erhöhter Nettostrahlung und intensiverer Wasserdampftransportmöglichkeit bereits die potentielle Verdunstung heraufgesetzt ist, dann wird auch die aktuelle Verdunstung gegenüber Grünland größer sein, zumal Wälder tiefer reichenden Wurzeln noch nicht unter Wasserstreß leiden, wenn andere Vegetationen bereits Wassermangel haben.

Neben Baum- und Grünland treten im Alpenpark auch offene Wasserflächen und großräumig nackter Fels auf, wie die Erfassung der Oberflächenbedeckung zeigte. So kommt Wasser mit etwa 1 %, Fels mit 24 %, Busch mit 13 % und Wald sogar mit 51 %, Grünland aber, für das die bisherige Verdunstungsberechnung zutrifft, nur mit 10 % der Gesamtfläche F_P vor.

Um die Fehler, die mit der Anwendung der Grünlandevapotranspiration auf die einzelnen Flußgebiete gemacht werden, korrigieren zu können, werden zunächst die Bedeckungsverhältnisse getrennt nach Pegeln quantifiziert (Tabelle 16). Den Flächenanteilen F_P aus der topographischen Karte sind die für die Verdunstung maßgeblichen tatsächlichen Flächen F_T gegenübergestellt, zusätzlich ihre mittleren Neigungen n. Der Aufstellung sind drei wesentliche Fakten zu entnehmen:

a) geringer Grünlandanteil in allen Flußgebieten;
b) unterschiedliche relative Flächenanteile sowohl unter den Einzugsgebieten als auch gegenüber dem gesamten Alpenpark bei F_P und F_T;
c) unterschiedlich große Flächenverschiebungen beim Übergang von F_P zu F_T.

Greift man die beiden dichten Einzugsgebiete Ilsank und Schwöbbrücke heraus, so bedeckt Grünland jeweils 6 %, Wald und Fels, um die wichtigsten zu nennen, 40 bzw. 25 % und 44 bzw. 53 % der verdunstenden Fläche.

Wie groß ist nun, einschließlich der Bodendecken Busch und Wasser, die Verdunstung dieser Oberflächen im Vergleich zu Grünland? Läßt sich mit solcherart »normierter« Verdunstung die für diese beiden Einzugsgebiete festgestellte Über- bzw. Unterschätzung der geforderten Gebietsverdunstung erklären? Und schließlich, welche Ergebnisse erzielt man damit bei den beiden restlichen Pegeln Stanggaß und Schellenberg?

10.3.1 VERDUNSTUNG NATÜRLICHER OBERFLÄCHEN (Literaturübersicht)

Das Problem der Verdunstung verschiedener Vegetationsdecken und von freien Wasserflächen wird, wie die Literaturauswertung zeigt, im wesentlichen unter drei Aspekten in Angriff genommen: theoretische Abschätzung über die Strahlungsbilanz, direkte vergleichende Lysimetermessungen und Bestimmung aus $\overline{P} - \overline{D}$ für kleine, unterschiedlich bewachsene Einzugsgebiete.

BAUMGARTNER (1967) rechnet die jährliche Nettostrahlung (kurzwellige Strahlungsbilanz gemessen, langwellige berechnet) für verschiedene Oberflä-

	Wald	Grünland	Rasen
Höhe (cm)	3000		5
Rauhigkeit (cm)	300	5	1
vert. Mischungsgeschw. (cm sec^{-1})	60	30	20
Reibungskoeffizient ($\cdot 10^{-3}$)	216		3.8
Wärmekapazität (cal cm^{-2} grd^{-1})	6	0.03-0.1	
Albedo (%)	10-15	25	
mögl. jährl. Nettostrahlung (Wm^{-2})	66	46	

Tab. 15: Auswahl verdunstungsrelevanter physikalischer und meteorologischer Komponenten für Wald, Grünland und Rasen (nach BAUMGARTNER 1970, 1973)

Ilsank	F_P		F_T		$\overline{n}$	Schwöbbrücke	F_P		F_T		$\overline{n}$
	km²	%	km²	%	grd		km²	%	km²	%	grd
Gesamt	121.44	100.0	166.63	100.0	34.4		156.56	100.0	210.28	100.0	31.5
Wald	56.84	46.8	66.91	40.2	27.6		42.88	27.4	53.36	25.4	29.7
Fels	41.44	34.1	72.80	43.7	50.0		75.52	48.2	111.91	53.2	37.2
Busch	14.48	11.9	17.70	10.6	27.6		19.92	12.7	24.75	11.8	28.7
Grünland	8.44	6.9	8.97	5.4	16.2		11.92	7.6	13.77	6.5	21.6
Wasser	0.24	0.2	0.24	0.1	0.0		6.32	4.0	6.49	3.1	2.6

Stanggaß	F_P		F_T		$\overline{n}$	Schellenberg	F_P		F_T		$\overline{n}$
	km²	%	km²	%	grd		km²	%	km²	%	grd
Gesamt	48.00	100.0	57.35	100.0	26.0		411.64	100.0	533.93	100.0	29.9
Wald	32.32	67.3	37.97	66.2	27.1		180.88	43.9	214.02	40.1	27.1
Fels	5.44	11.3	8.25	14.4	37.1		129.04	31.3	204.90	38.4	42.0
Busch	5.48	11.4	6.22	10.8	22.8		49.12	11.9	58.82	11.0	25.6
Grünland	4.76	9.9	4.91	8.6	8.8		45.96	11.2	49.38	9.2	15.3
Wasser	0.00	0.0	0.00	0.0	0.0		6.64	1.6	6.81	1.3	2.4

Tab. 16: Mittlere Hangneigung ($\overline{n}$) sowie absolute und relative Flächenanteile verschiedener Bodendecken an projizierter (F_P) und tatsächlicher (F_T) Gebietsfläche. (Die geringfügige Vergrößerung von Wasserflächen ist auf Gitterpunkte in Ufernähe zurückzuführen, für die Hangneigungen festgestellt wurden, die aber flächenmäßig »Wasser« repräsentieren.)

chen auf die ihr entsprechende »äquivalente« Evapotranspiration um und erhält, gültig für München, für nackten Boden 595 mm, Grasland 750 mm und Nadelwald 1000 mm. Normiert auf Rasen beträgt das Verhältnis 0.79 : 1 : 1.33.

Nach LÜTZKE (1966) ergibt eine ähnliche Methode, angewandt auf aktuelle Meßwerte einiger Schönwettertage in Eberswalde ein durchschnittliches äquivalentes Verdunstungsverhältnis von Wiese zu Kiefernwald wie 1 : 1.49. Dabei verbraucht der Wald 95 % der Nettostrahlung für die Verdunstung, die Wiese nur 75 %. An anderer Stelle (1969) wird von ihm als Mittelwert der Vegetationsperiode April bis September die Relation 1 : 1.2 errechnet, wobei E_{Wiese} mit einem Lysimeter gemessen wurde.

Mehrjährige Lysimeteruntersuchungen von GÖHRE (1949), ebenfalls in Eberswalde, ergaben bei nur teilweiser Übereinstimmung der Beobachtungsjahre für Boden, Rasen, Kiefer und Wasserschale ein Verhältnis von 0.5 : 1 : 1.26 : 1.47. Für die Jahre 1932/33 - 1936/37, in denen außer für Boden gleichzeitig gemessen wurde, betragen die entsprechenden Mittelwerte 1 : 1.29 : 1.53.

Weniger präzise Angaben lassen sich mit dem Vergleich von Einzugsgebieten für die Verdunstung verschiedener Oberflächen machen, da meist eine genaue Aufschlüsselung der Vegetationsarten nach ihrem Flächenanteil fehlt. Auch sind die Höhenstrukturen nicht einheitlich, so daß in den Verdunstungswerten zusätzlich auch eine Abhängigkeit von der Meereshöhe steckt.

Ein Beispiel für Gebirgslagen sei mit der Untersuchung von BURGER (1934) in zwei kleinen Schweizer Einzugsgebieten angeführt, beide mit einer mittleren Höhe von rund 1100 m. Auch Gebietsniederschlag und durchschnittliches Gefälle sind etwa gleich. »Sperbelgraben« mit 98 % Wald hat eine Gebietsverdunstung von 708 mm, während es im »Rappengraben« bei 35 % Waldanteil (34 % Wiese und Weideland, 2 % Ackerfläche und 29 % Gebüsch) nur noch 592 mm sind.

Weitere Vergleiche zwischen zu 100 % bewaldeten und völlig entwaldeten Einzugsgebieten nach einer Zusammenstellung bei BAUMGARTNER (1970) bringt Tabelle 17:

Einzugsgebiet	Bewaldung (%)	$\overline{P}$ (mm)	$\overline{E}$ (mm)
Wagon Wheel Gap (USA)	100	540	382
	–	528	343
Coweeta (USA)	100	1690	1076
	–	1800	682
Harz Winterbachtal	100	1253	579
Lange Bramcke	–	1221	521

Tab. 17: Niederschlag und Verdunstung von Einzugsgebietspaaren verschiedener Standorte

Im Durchschnitt verhält sich hier die Evapotranspiration unbewaldeter zu bewaldeter Fläche wie 1 : 1.32.

Zuletzt sei noch eine Aufstellung bei RUTTER (1967) zitiert, wobei nicht klar ist, wie die Werte ermittelt wurden, da sie zum Teil auf persönlichen Mitteilungen beruhen. Lediglich von der Verdunstung der offenen Wasserfläche ist bekannt, daß sie aus meteorologischen Daten errechnet wurde:

Slaidbrunn, Yorkshire, 1956-65 E (mm)

Sitka-Fichte 801
Grasland 416

Crowthorne, Berkshire, 1957-63	E (mm)
Schottische Fichte	679
Wasser	507
Castricum, Holland, 1955-64	
Laubmischwald	500
Österreichische Föhre	655
Wasser	611

Wenn auch diese letzte Übersicht nicht unbedingt in das bisher gewonnene Bild vom Verdunstungsverhalten verschiedener Oberflächen paßt, so läßt sich doch prinzipiell eine Zunahme der Evapotranspiration von unbewachsenem Boden über Grünland und Wald zur freien Wasserfläche hin feststellen. Im Mittel all dieser Untersuchungen verdunstet der Wald etwa das 1.4-fache von Grünland, offenes Wasser liegt noch etwas darüber.

10.3.2 RELATIVE VERDUNSTUNG

Die Werte der r e l a t i v e n, auf Grünland bezogenen Evapotranspiration v verschiedener Oberflächen, die die Literaturauswertung liefert, können infolge der deutlich gewordenen Schwankungen nicht direkt übernommen werden, sondern sind nur in ihrer Größenordnung als Anhalt für die Bestimmung der speziellen Verdunstungsverhältnisse im Alpenpark gedacht. Überdies fehlen Vergleichsdaten für die Bodendecke »Busch«.

Unterstellt man die Gültigkeit bisher getroffener Vereinbarungen und Berechnungen, so müßte im Idealfall, wenn diese Faktoren v für alle Oberflächen eines Einzugsgebietes bekannt sind, die Summe der mit ihnen gewichteten Grünlandverdunstung aller einzelnen Flächenstücke F_T gleich der Differenz Niederschlag minus Abfluß sein:

$$\left(\overset{Fels}{\sum} E_z \cdot F_T \cdot v_{Fels} + \overset{Grünland}{\sum} E_z \cdot F_T \cdot 1 + ... + \overset{x\text{-Art}}{\sum} E_z \cdot F_T \cdot v_{x\text{-Art}}\right)/F_P = \overline{P} - \overline{D} \quad (32)$$

oder nach Gleichung (29)

$$\left((\overline{V_T} \cdot v)_{Fels} + (\overline{V_T})_{Grünland} + ... + (\overline{V_T} \cdot v)_{x\text{-Art}}\right)/F_P = \overline{P} - \overline{D} \quad (33)$$

Kennt man umgekehrt die einzelnen Volumina $\overline{V_T}$ aller Bodendecken, dann sind durch n-1 derartiger Flußgebietsbilanzen bei n Vegetationseinheiten die Koeffizienten v bestimmt, vorausgesetzt alle Einzugsgebiete besitzen einen Grünlandanteil.

Da Stanggaß und Schellenberg aus bereits dargelegten Gründen nicht herangezogen werden, stehen mit Ilsank und Schwöbbrücke bei f ü n f Bedeckungsarten aber nur z w e i Bilanzen für dieses Verfahren zur Verfügung, das Gleichungssystem hat also keine eindeutige Lösungen.

Wir verringern daher zunächst die Anzahl der unabhängigen Variablen v, indem wir für die freien Wasserflächen den Faktor $v_{Gewässer} = 1.5$ vorgeben. Dieser Wert ist aufgrund der Literaturübersicht vertretbar, sein möglicher Fehler hat auf die Bilanz infolge des relativ geringen Flächenanteils der Gewässer nur wenig Einfluß. Da Größenordnung und Rangfolge der relativen Verdunstung als gesichert gelten dürfen, kann nun versucht werden, die verbleibenden unbekannten Faktoren v_{Fels}, v_{Busch} und v_{Wald} innerhalb gewisser Grenzen so lange zu variieren, bis man Übereinstimmung zwischen damit gewichteter Gebietsverdunstung $\overline{E_v}$ und $\overline{P} - \overline{D}$ erzielt. Von der Anzahl der möglichen Kombinationen wird es abhängen, ob die Faktoren »eindeutig« bestimmt sind.

Ausgehend von der Spannweite der Literaturangaben werden nach Überschlagsrechnungen folgende Eckwerte festgelegt, innerhalb derer die drei Koeffizienten schrittweisen Änderungen zu unterwerfen sind: $0.15 \leq v_{Fels} \leq 0.75$, $0.90 \leq v_{Busch} \leq 1.26$ und $1.13 \leq v_{Wald} \leq 1.46$, wobei für Busch, dessen Verdunstung wahrscheinlich zwischen Grünland und Wald einzureihen ist, die untere Grenze deshalb so niedrig gewählt wurde, um nicht doch unter Umständen andersgelagerte Verhältnisse von vornherein auszuschließen. Legt man jeweils $\triangle = 0.03$ als Schrittweite zugrunde, so ändert sich $\overline{E_v}$ für Ilsank bzw. Schwöbbrücke um 9 bzw. 5 mm für $\triangle_{Wald}$, 8 bzw. 9 mm für $\triangle_{Fels}$ und nur je 2 mm für $\triangle_{Busch}$. Mit dieser Schrittweite hält man einerseits die Menge an anfallenden Daten noch in überschaubaren Dimensionen, andererseits ist sie klein genug, um $\overline{E_v}$ mit genügender Genauigkeit berechnen zu können: Die Ansprüche an die Übereinstimmung mit $\overline{P} - \overline{D}$ mußten mit ± 1 mm sehr hoch geschraubt werden, die Schärfe dieses Kriteriums im Vergleich zu den Unsicherheiten beispielsweise der Niederschlags- oder Flächenberechnung ist aber notwendig, um die funktionellen Zusammenhänge herauszufiltern.

Die wesentlichen Ergebnisse der Berechnungen sind in Abbildung 36 der Übersichtlichkeit halber graphisch dargestellt, wozu v_{Fels} interpoliert wurde: $\overline{E_v}$ = 573 bzw. 675 mm (jeweils ± 1 mm) in Abhängigkeit von v_{Busch} und v_{Fels} mit v_{Wald} als Scharparameter. Erst ab $v_{Wald} = 1.22$ existieren innerhalb der gewählten Grenzen und für die geforderte Genauigkeit Lösungen für Ilsank, mit denen sich aber bis $v_{Wald} < 1.43$ nicht gleichzeitig $(\overline{P} - \overline{D})_{Schwöbbrücke}$ realisieren läßt. Die entsprechenden Werte für dieses Einzugsgebiet liegen um etwa 30 mm bei $v_{Wald} = 1.22$ und noch 4 mm bei 1.40 zu hoch, mit $v_{Wald} = 1.46$ wird die erwartete Gebietsverdunstung bereits wieder um 5 mm unterschätzt. Als einziges schneidet sich das Geradenpaar $v_{Wald} = 1.43$, der Schnittpunkt hat angenähert die Koordinaten $v_{Fels} = 0.53$ und $v_{Busch} = 1.17$. Damit lautet die gesuchte Lösung für die relative Verdunstung

$v_{Wasser} = 1.50$
$v_{Wald} = 1.43$
$v_{Busch} = 1.17$
$v_{Grünland} = 1.00$
$v_{Fels} = 0.54$

Der Faktor für Wald paßt gut zu den Werten anderer, bereits zitierter Untersuchungen. Die geringe Verdunstung des unbewachsenen Bodens, für die ebenfalls in der Literatur ein Anhaltspunkt gegeben war, wird plausibel, zieht man die mittlere Neigung dieser Flächen von etwa 50° in Betracht, auf denen das Niederschlagswasser rasch abläuft. Die Verdunstung der Bewuchsart »Busch« liegt erwartungsgemäß zwischen derjenigen von Wald und Grünland.

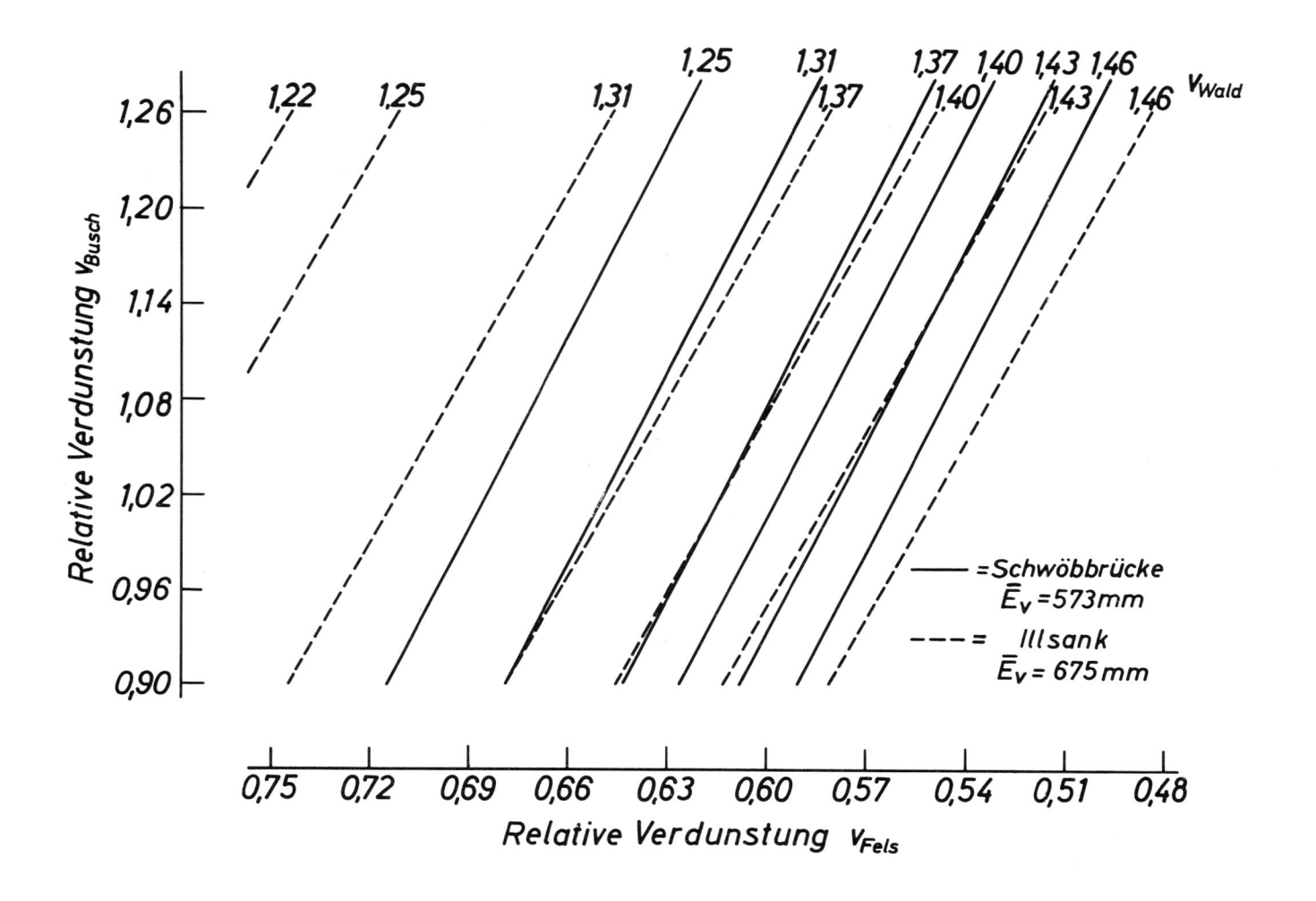

Abb. 36: Zur numerischen Bestimmung der relativen Verdunstung
v verschiedener Bodenbecken - bezogen auf Grünland
(= 1.00) - bei vorgegebener Gebietsverdunstung für die
Flußgebiete Ilsank und Schwöbbrücke

10.4 REALE VERDUNSTUNG

Mit diesen Relativzahlen erhält man absolute Verdunstungshöhen von maximal etwa 850 mm, so in den niedrigsten Lagen des Alpenparks (z = 470 m) für Waldflächen oder für die beiden größten Gewässer Königssee und Obersee in 600 m Meereshöhe. Das entspricht einer latenten Wärmestromdichte V_L von rund 67 Wm^{-2} (50.6 Kcal $cm^{-2}a^{-1}$). Nach Angaben von BUDYKO (1963), FRANKENBERGER (1955) und STRAUSS (1971) kann man den Anteil von V_L an der jährlichen Nettostrahlung Q mit durchschnittlich 83 % ansetzen, woraus sich für E = 850 mm eine Forderung von 81 Wm^{-2} Nettostrahlung ergibt, unterstellt man die Gültigkeit dieser Relation auch für den Alpenpark. Der Gedanke, zunächst für konkrete Hänge die Nettostrahlung als empirische Funktion der Sonnenstrahlung zu bestimmen und damit die Verdunstungsmöglichkeiten innerhalb des Alpenparks differenziert beurteilen zu können, erweist sich als nicht durchführbar: Die bereits berechnete Strahlung bezieht sich auf den idealisierten Zustand einer ganzjährig wolkenfreien Atmosphäre und kann mangels geeigneter Daten über die Bewölkungsverhältnisse nicht in Intensitäten der tatsächlichen örtlichen Besonnung überführt werden. Wenigstens die errechneten Verdunstungsmaxima sollen aber diskutiert werden.

10.4.1 KRITIK DER MAXIMALWERTE

Im Rahmen des IHD-Programms hat das Institut für Meteorologie der Forstlichen Forschungsanstalt mehrjährige Messungen der Strahlungsbilanz und ihrer einzelnen Komponenten für einen eben gelegenen (z = 550 m NN) homogenen Fichtenbestand in der Nähe Münchens durchgeführt. Für das Jahr 1972, das, verglichen mit langjährigen Registrierungen der Globalstrahlung im Zentrum der Stadt für den Großraum München als Durchschnittsjahr gelten darf (BAUMGARTNER/GIETL 1975), sind die hier wesentlichen Daten in Tabelle 18 aufgeführt.

Globalstrahlung	(Wm^{-2})	118
kurzw. Reflexstrahlung	(Wm^{-2})	−10
kurzw. Nettostrahlung	(Wm^{-2})	108
langw. Nettostrahlung	(Wm^{-2})	−35
Nettostrahlung	(Wm^{-2})	73

Tab. 18: Durchschnittliche Strahlungsverhältnisse für einen Fichtenhochwald im Alpenvorland

Es ergibt sich eine Nettostrahlung Q von 73 Wm^{-2}, die über einen Anteil V_L = 61 Wm^{-2} (= 83 % von Q) eine Verdunstung von etwa 780 mm ermöglicht.

Für die Nettostrahlung und damit für die energetische Verdunstungsmöglichkeit **geneigter** Hänge kann man nur eine grobe Abschätzung versuchen, da hierfür keine repräsentativen Meßwerte bekannt sind. Registrierungen der Globalstrahlung in Locarno-Monti (SCHRAM/THAMS 1967) ergaben für eine unter 30° nach Süden orientierte Fläche 118 % des Betrages auf die Horizontale, für 60° S 114 % und für 30° E bzw. W noch 96 %. Nach Messungen in Hamburg (GRÄFE 1956) empfängt eine Nordwand im Jahresmittel 42 % der kurzwelligen Nettostrahlung der Ebene, wofür die effektive Ausstrahlung auf etwa 40 % verringert ist. DIRMHIRN (1964) schließlich gibt die langwellige Bilanz eines mit 30° bzw. 60° geneigten Hanges zu 90 % bzw. 67 % der horizontalen Fläche an. Legt man wiederum den Ansatz V_L = 83 % von Q zugrunde und geht von den in Tabelle 18 angeführten Strahlungssätzen als Referenzwerte für die Verhältnisse der Ebene aus, so kann man die Verdunstungshöhe **freistehender** Hänge abschätzen (Tabelle 19).

Hangexposition	30°S	60°S	30°E/W	90°N
Nettostrahlung Q (Wm^{-2})	96	100	72	31
lat. Wärmestrom V_L (Wm^{-2})	80	83	60	26
Verdunstung E (mm)	1019	1059	767	334

Tab. 19: Abschätzung der Verdunstungsmöglichkeit an verschieden exponierten, freistehenden Hängen

Zusätzliche **Horizontabschirmung** vermindert zwar die kurzwellige Bilanz, dafür nimmt aber die Ausstrahlung ab. Unter Umständen kann auch eine Vergrößerung der Gegenstrahlung eintreten, wenn Teile des (relativ) kalten Himmelsgewölbes durch nahe, (relativ) wärmere Flächen wie Wälder am Gegenhang oder Berge abgedeckt werden (SAUBERER/DIRMHIRN 1958). Letzten Endes aber ist die orographische Beeinflussung der Nettostrahlung noch nicht soweit erforscht, als daß damit eine befriedigende Beurteilung der Verdunstungsmöglichkeit eines Geländes möglich wäre. Hier sollten systematische Freilanduntersuchungen ansetzen, um die Verteilung der Nettostrahlung auf Hängen jeder Exposition quantitativ zu bestimmen.

Insgesamt zeichnet sich ab, daß durch den der Nettostrahlung proportionalen Strom latenter Wärme allein die rechnerisch geforderte Verdunstungshöhe nicht an allen Stellen der Einzugsgebiete befriedigt werden kann. In diesem Zusammenhang sei auf eine Lysimeteruntersuchung von KORTÜM (1958) verwiesen, nach der im vierjährigen Mittel die zur Verdunstung einer Wiese erforderliche Energiemenge 56 Wm^{-2}, die gleichzeitige Nettostrahlung aber nur 45 Wm^{-2} betrug. Die fehlenden 20 % sind durch Zufuhr fühlbarer Wärme aus der Umgebung (warmer Sandboden) aufgebracht worden.

Lassen sich zusätzliche Einwände gegen die Höhe der maximalen Evapotranspiration geltend machen? Da die Summe der Verdunstungsmengen aller einzelnen Teilflächen $F_T^\prime$ der beiden Einzugsgebiete, gemessen an $\overline{P} - \overline{D}$, dem Ergebnis nach richtig ist, führen Änderungen an der Größe dieser Flächen zwangsläufig zu Änderungen der Verdunstungshöhen, wenn die Gesamtsumme $\overline{E}$ konstant bleiben soll. Die Berechnung der realen Oberflächen $F_T^\prime$ ging aber einzig von der im Gitterpunkt bestimmten und für die jeweilige Fläche als repräsentativ angesehenen Hangneigung aus. Nicht berücksichtigt wird dagegen, ob der Hang entlang der Neigungslinie oder quer dazu konvex bzw. konkav geformt ist, wodurch die zu dieser Linie parallele Seite des Flächenstücks meistens, die dazu senkrechte Seite mit unverändert 200 m Länge aber immer zu kurz angesetzt wird, d. h. die realen Teilflächen fallen in der überwiegenden Anzahl der Fälle zu klein aus. Daran ändert auch die vorweggenommene Einteilung in Neigungsklassen nichts: Viele Hänge müßten, um ihre tatsächlichen Flächengrößen auszudrücken, eine höhere als die zugewiesene mittlere Neigung erhalten, die Grenzfälle unter ihnen wären damit eine Neigungsstufe höher einzuordnen. Anders als bei den strahlungsgeometrischen Untersuchungen wird hier die Anwendung eines 200 m-Rasters für das Hochgebirge problematisch, da der topographischen Feinstruktur bezüglich der Flächenverhältnisse vermehrter Einfluß zukommt.

Wenn also die Flächen eines Einzugsgebietes größer als die berechneten Flächen F_T sind, müßte die einzelne Teilfläche nicht mehr so hoch wie bisher verdunsten, um im gesamten das Ergebnis $\overline{P} - \overline{D}$ zu erreichen: die Folge wären verringerte Oberflächenfaktoren. Eine Überschlagsrechnung, für die alle realen Flächen mit Ausnahme der Gewässer um 10 % vergrößert wurden, ergibt als sinnvolle Kombination $v_{Wald} = 1.28$, $v_{Busch} = 1.11$ und $v_{Fels} = 0.48$, woraus ein Verdunstungsmaximum der Waldflächen von 761 mm resultieren würde.

Anzumerken ist noch, daß die Behandlung der »äußeren tätigen« Oberfläche als glatte Fläche keine Verfälschung bedeutet - obwohl die in natura wirklich verdunstende Fläche der Vegetation bzw. des Bodens, die Nadeloberfläche der Waldbäume beispielsweise oder die Gesamtfläche aller einzelnen Bodenkrümel, ein Vielfaches der überschirmten Fläche beträgt -, da die unsere Berechnungen stützenden Meßergebnisse bereits auf diesen idealisierten Zustand bezogen sind.

Vor diesen detaillierten Anmerkungen zur Verdunstungshöhe wurde wiederholt darauf hingewiesen, daß die einzelnen Parameter mit Ungenauigkeiten und Fehlerquellen behaftet sind. Das gilt ganz allgemein auch für großräumigere Wasserhaushaltsuntersuchungen, erst recht aber bei dem angestrebten Unterfangen, die Strukturen einzelner hydrologischer Komponenten des Topoklimas im Hochgebirge zu beschreiben. Die Güte der Verdunstungsberechnungen wurde jeweils an der Differenz Niederschlag minus Abfluß der einzelnen Flußgebiete gemessen: Bereits die Niederschlagserfassung muß aber nicht als fehlerfrei angesehen werden, ohne daß in diesem Rahmen auf die einzelnen Fehlerquellen näher eingegangen werden kann. Des weiteren ist nicht abzuschätzen, inwieweit der Aufstellungsort der Totalisatoren als repräsentativ für die Umgebung anzusehen ist, worauf die Legitimation zur Berechnung der Gebietsniederschläge beruht. Zusätzlich kann die Flächenabgrenzung der Einzugsgebiete bezüglich P und D, die im einzelnen kritisierte Bestimmung der realen Oberflächen sowie die grobe Einteilung und Zuordnung von fünf Bedeckungsarten nicht ohne Mängel sein. Ausführlich ist bereits die Problematik der Verdunstungsberechnung nach Thornthwaite und der daraus abgeleiteten Funktion $E_z = E(z)$ diskutiert.

Faßt man all diese Gesichtspunkte zusammen, so muß es ein Wunschgedanke bleiben, exakt einen Fehler für die komplexe Größe der Evapotranspiration anzugeben, da dies infolge des Fehlens echter Vergleichsmöglichkeiten schon für die einzelnen, ihr zugrundeliegenden Parameter nicht durchführbar ist.

10.4.2 BERECHNETE GEBIETSVERDUNSTUNG

Tabelle 20 gibt eine Übersicht für die beiden Flußgebiete Ilsank und Schwöbbrücke, aufgrund deren Verhältnisse die Verdunstungskoeffizienten v bestimmt wurden, sowie für Stanggaß und Schellenberg, auf die sie anschließend ebenfalls angewendet wurden. Stanggaß erhält jetzt innerhalb des orographischen Abflußgebietes $F_P = 48$ km² eine Gebietsverdunstung $\overline{E}_v$ von 778 mm. Dieser Wert paßt wesentlich besser in die durch die übrigen Einzugsgebiete vorgezeichnete Verdunstungscharakteristik des Alpenparks (vgl. Abbildung 33), als der Bilanzwert $\overline{P} - \overline{D}$. Das bekräftigt den geäußerten Verdacht, daß wegen der hydrogeologischen Struktur dieses Einzugsgebietes nicht die der »amtlichen« Fläche entsprechende Abflußspende am Pegel in Stanggaß erfaßt wird. Der rechnerisch ermittelte Abflußverlust in ein anderes Flußgebiet liegt in der Größenordnung von 70 mm. Die Auswirkungen auf den Unterlieger Schellenberg sind nach wie vor infolge des Flächenverhältnisses Stanggaß/Schellenberg gering, die Abweichung der berechneten Gebietsverdunstung vom Wert aus der Bilanz beträgt weniger als 3 %.

Die Anwendung des beschriebenen Verfahrens auch auf die außerhalb der vier Flußgebiete liegenden Restflächen des Alpenparks gestattet die Bestimmung seiner Gebietsverdunstung zu 721 mm. In Verbindung mit $\overline{P} = 1992$ mm ergibt das eine mittlere Abflußhöhe von 1271 mm für das gesamte Untersuchungsgebiet.

	Ilsank	Schwöbb.	Stangg.	Schellenberg	Alpenpark
$\overline{P}$ (mm)	2062	2199	1903	2050	1992
$\overline{E}_v$ (mm)	674	573	778	664	721
$\overline{P} - \overline{D}$ (mm)	675	573	851	683	
$\overline{P} - \overline{E}_v$ (mm)	1387	1626	1125	1385	1271
$\overline{D}$ (mm)	1388	1626	1052	1367	

Tab. 20: Berechnete Gebietsverdunstung $\overline{E}_v$ und Abfluß $\overline{P} - \overline{E}_v$ aller vier Einzugsgebiete und des Alpenparks

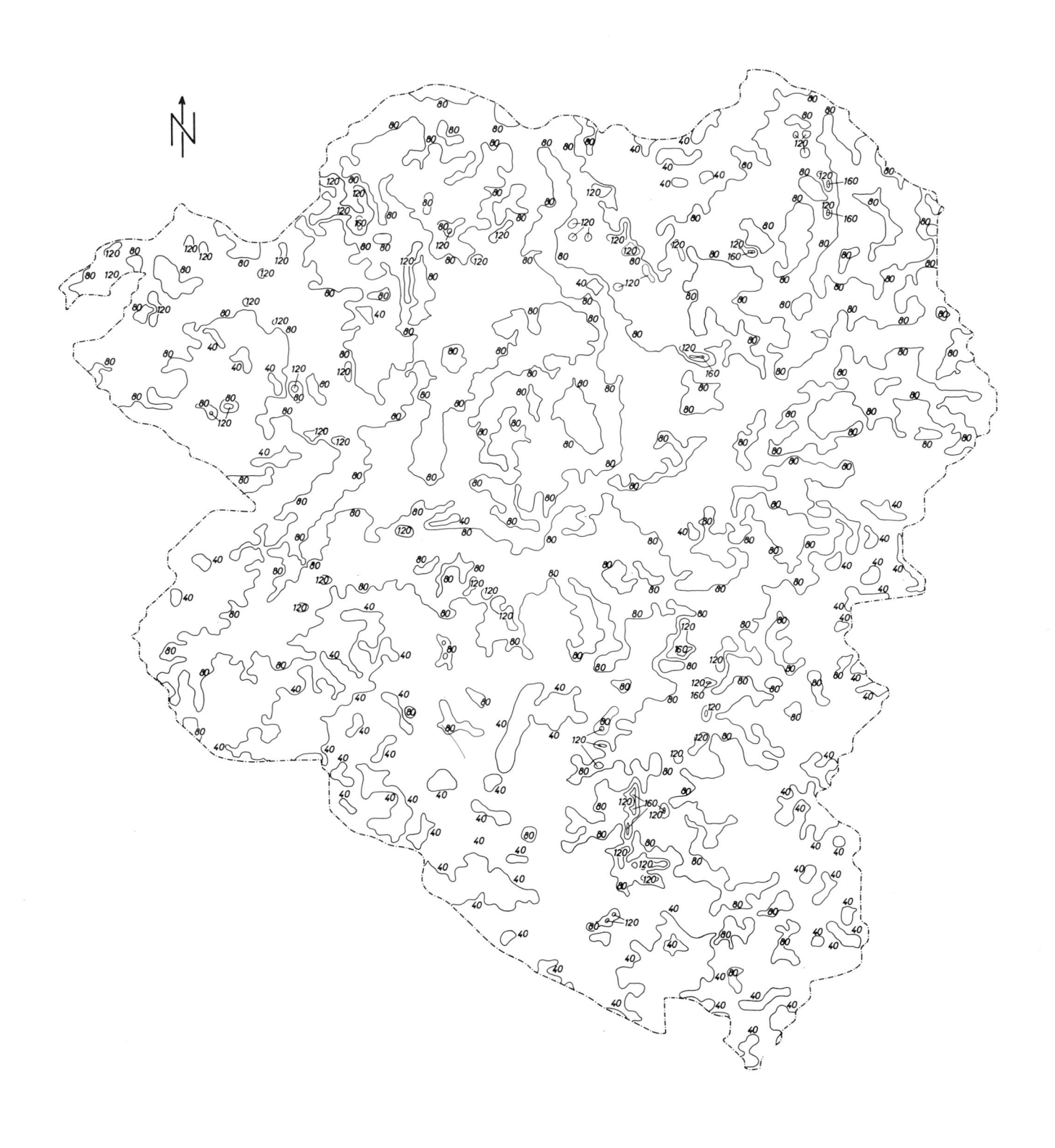

Abb. 37: »Projizierte« jährliche Verdunstungshöhen (in cm); Mittel der Periode 1931-60

10.4.3 »PROJIZIERTE« VERDUNSTUNGSHÖHEN

Mit der Evapotranspiration läßt sich nun der hydrologische Kartensatz fortsetzen, der mit der Darstellung der Niederschlagshöhen begonnen wurde. Jedem Gitterpunkt des gesamten Untersuchungsgebietes werden als Referenzpunkt der jeweiligen Teilfläche F_T' die ihrer Höhe, Neigung und Bedeckung entsprechenden Verdunstungsbeträge zugeordnet. Analog zu den auf die projizierte Fläche bezogenen Gebietsmitteln werden auch diese »punktuellen« Verdunstungshöhen behandelt und für die kartographische Darstellung auf die Einheitsfläche F_P' von 0.04 km² bezogen. Das ergibt eine neuartige, ungewohnte Darstellung mit Werten bis über 1700 mm (Abbildung 37). Da es sich dabei nicht mehr um Verdunstungshöhen im üblichen Sinn handelt, spricht man besser von »projizierten Verdunstungshöhen« E_P und meint damit die Verdunstung der realen Oberfläche im verebneten Bild der Karte. Die Maxima von E_P sind folglich dort anzutreffen, wo Wälder in niedrigen Höhen auf steilem Gelände stocken, z. B. am SW-Ufer des Königssees und am Ostabfall des Untersberges bei Schellenberg, die Minima, wo nackter Boden in Plateaulagen des Hochgebirges zutagetritt, wie im Watzmann- und Hochkaltergebiet oder im Bereich der Reiteralpe. Um das Isolinienbild noch übersichtlich zu halten, sind in Abbildung 37 nur Stufen von 40 cm zu 40 cm ausgeschieden.

Die Verdunstungshöhen E_P bieten den Vorteil, daß man als B e n u t z e r solcher Karten durch Planimetrieren sehr schnell das tatsächliche Verdunstungsv o l u m e n $E_P \cdot F_P$ eines beliebigen Geländeausschnittes bestimmen kann, ohne Informationen über die wahre Oberfläche des Gebietes zu benötigen, die in der Regel nicht bekannt sind.

11. Abfluss (D)

Da die Verdunstung E_P ebenso wie der Niederschlag P bereits auf die Horizontalprojektion des Geländes (= orographisches Abflußgebiet) bezogen ist, läßt sich der Abfluß $D = P - E_P$ für jeden Gitterpunkt berechnen und mit der üblichen Flächenauflösung von 200 x 200 m kartieren (Abbildung 38).

Entsprechend der Niederschlags- und Verdunstungsverteilung treten die höchsten Abflußwerte von rund 2500 mm vor allem im hochalpinen Südteil des Alpenparks auf, die Maxima von unter 100 mm vereinzelt in den Tallagen, z. B. am Westufer des Königssees. Die überwiegende Fläche hat einen Abfluß von 800-1200 mm.

12. Beeinflussung der Wasserbilanz durch Landnutzung

Läßt sich für ein Einzugsgebiet nach der beschriebenen Methode punktuell die Wasserbilanz berechnen, so besteht daneben die Möglichkeit, über die Verdunstungskoeffizienten Auswirkungen auf den Wasserhaushalt abzuschätzen, wenn Änderungen der Landnutzung durch anthropogene Maßnahmen oder durch Naturereignisse wie Erdrutsche, Lawinen, Sturmkatastrophen u. ä. erzwungen werden. Besonders Wälder fallen mehr und mehr auch im Gebirge der fortschreitenden Erschließung zum Opfer. Dadurch verringern sich die Verdunstungsmöglichkeiten eines Landstriches, was zwar für den Wasserbauer im Hinblick auf erhöhte Abflußmengen zur kraftwerkstechnischen Nutzung durchaus erwünscht sein mag, gleichzeitig aber zu verstärkter Denudation und Erosion des Bodens führen kann. Daneben entfällt die zeitliche Verzögerung des Abflußvorganges, Überschwemmungs- und Hochwassergefährdung nach Starkregen nehmen zu.

Am Einzugsgebiet Stanggaß, das von allen vier Flußgebieten des Alpenparks mit 66.2 % seiner wahren Fläche das höchste Bewaldungsprozent aufweist, soll die Auswirkung veränderter Landnutzung auf die Wasserbilanz gezeigt werden. Schlägt man im Gedankenexperiment all seine Wälder ab und ersetzt sie durch Grünflächen, so erhält man jetzt eine Gebietsverdunstung von nur mehr 597 mm, vorher 778 mm. Bei unverändertem Niederschlag von 1903 mm ergäbe das eine Steigerung der mittleren Abflußhöhe von ursprünglich 1125 mm um 17 % auf 1306 mm.

Geht man von einer in allen Höhen vollständigen Bewaldung eines Berglandes aus, so werden von verstärktem Abfluß und damit vergrößerter Erosionsgefahr bei einer totalen Umwandlung in Grünland die tiefer liegenden und daher siedlungstechnisch und landwirtschaftlich potentiell interessanteren Flächen relativ stärker als die Hochlagen betroffen. Dieser Effekt geht aus Abbildung 39 hervor, die in Abhängigkeit von der Seehöhe (als Ordinate aufgetragen) neben Niederschlag auch Verdunstung und Abfluß für Wald und Grünland zeigt, wenn man die entsprechenden Faktoren v für den Alpenpark benutzt. Demnach erhöht sich bei Umwandlung von Wald in Grünland wegen der Verringerung des Verdunstungsverhältnisses E/P das Abflußverhältnis D/P für 2000 m Seehöhe von 0.76 auf 0.83 (+ 9 %), in 1000 m NN beträgt die Steigerung 20 %, in 500 m 31 %. Hieraus mag deutlich werden, welche klimatische Bedeutung schon wegen seines Einflusses auf Verdunstung und Abfluß dem Bergwald als Landschaftselement zukommt.

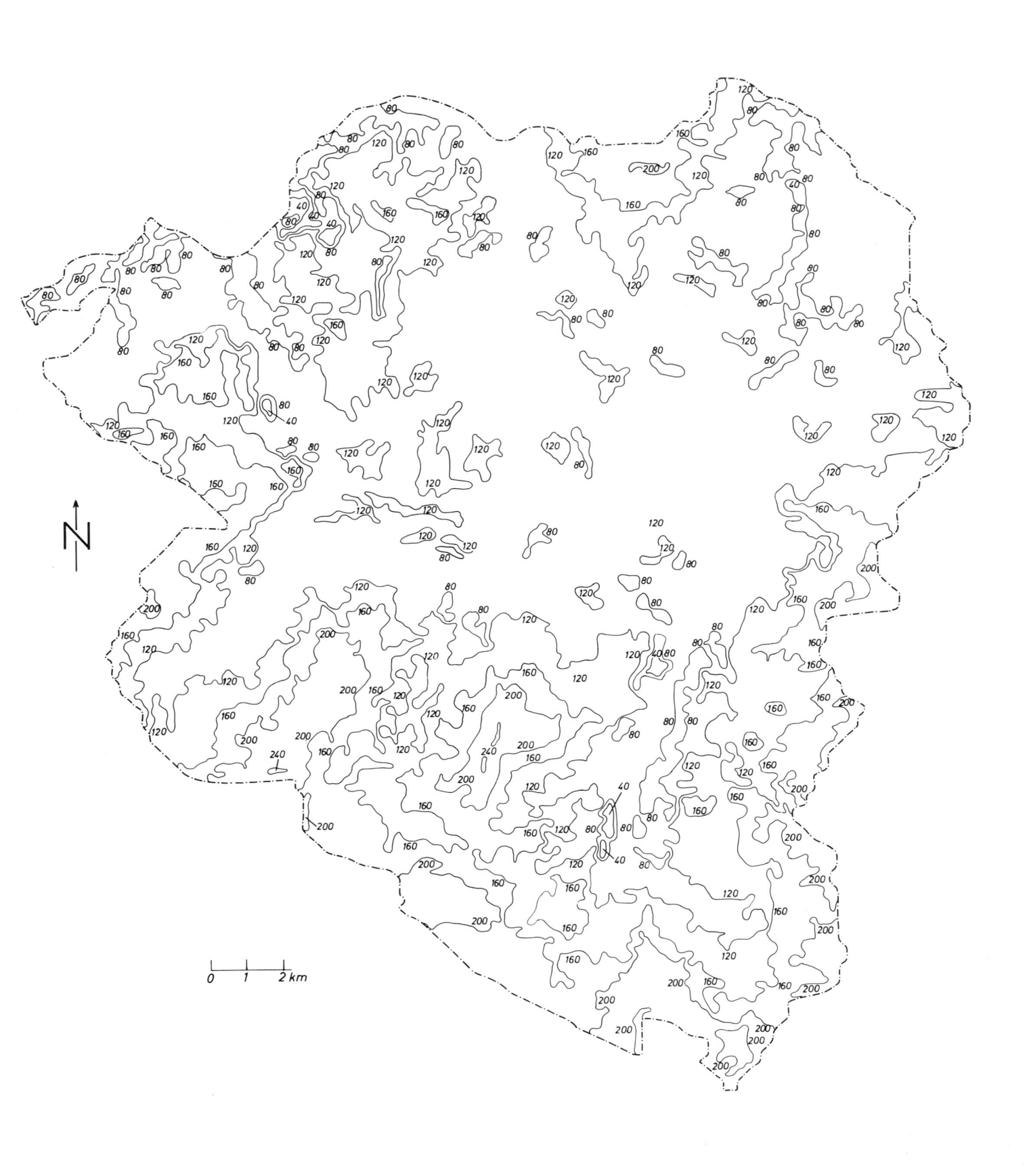

Abb. 38: Jährliche Abflußhöhen (in cm); Mittel der Periode 1931-1960

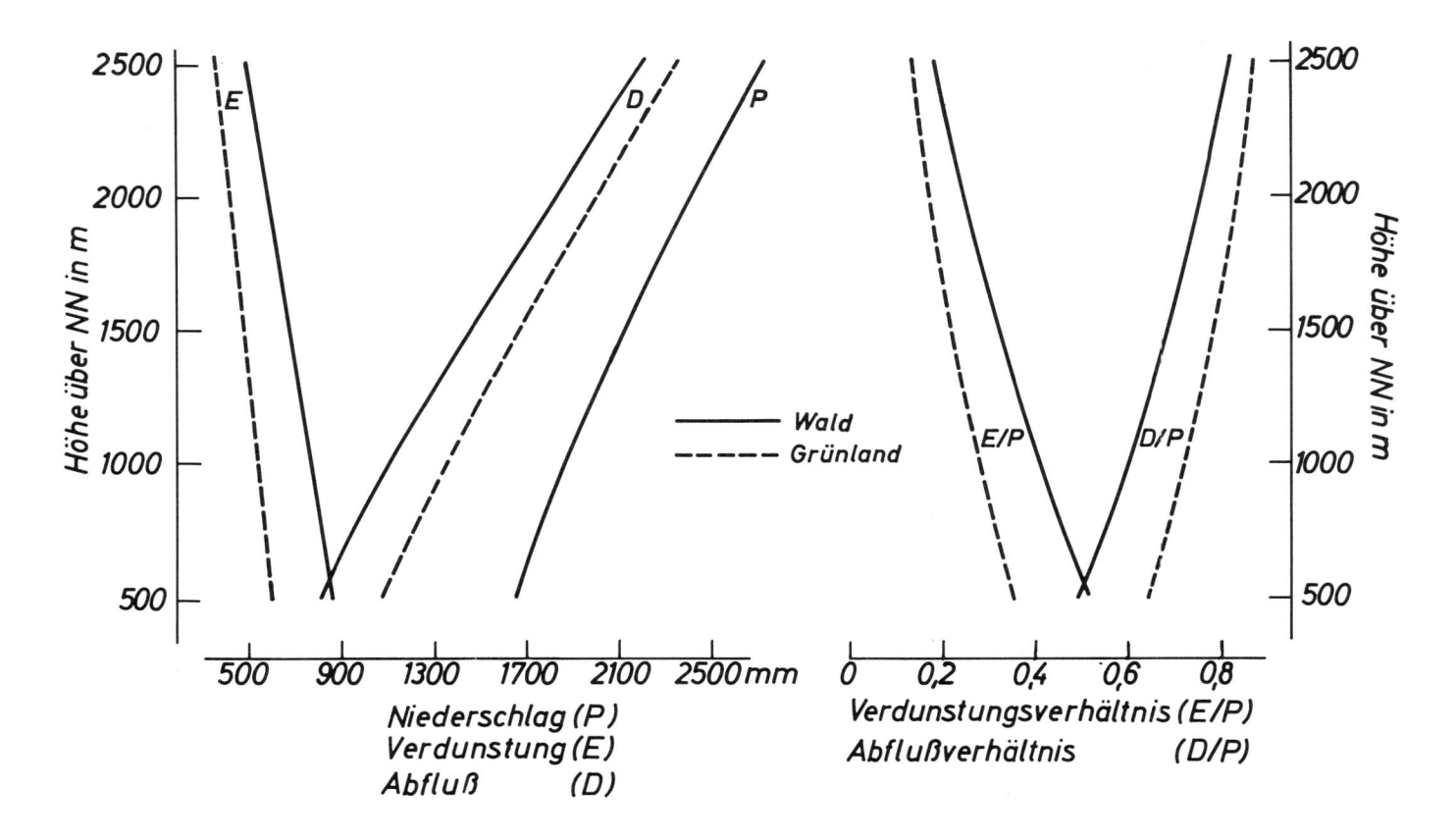

Abb. 39: Potentielle Beeinflussung von Verdunstungs- und Abflußverhältnis durch veränderte Landnutzung

13. Potentielle Produktivität

Über die Darstellung einzelner Klimaelemente hinaus und der Methoden, die für ihre Kartierung benutzt werden, ist in dieser Abhandlung immer auch skizziert worden, welche praxisorientierten Anwendungsmöglichkeiten der Ergebnisse sich ergeben. Deshalb bezieht sich die Untersuchung auch nicht auf irgendeinen abstrakten Raum, der vielleicht das Herausarbeiten von Zusammenhängen zischen Topographie und Topoklima erleichtert hätte, sondern liefert konkrete Grundlagen für Planung und zukünftiges wissenschaftliches Arbeiten im Alpenpark. Ein besonderes Problem entsteht in diesem Gebiet, wenn mit der Errichtung des Nationalparkes auf einem Teil der Gesamtfläche die wirtschaftliche Nutzung allmählich verringert oder ganz eingestellt wird (Ablösung der Waldweiderechte, Auflassung von Almen, Reduzierung des Holzeinschlages usw.). Welche Massen die einzelnen, unterschiedlich bewachsenen Teilflächen tatsächlich produzieren und welche Verluste infolge künftiger Nichtbewirtschaftung in Kauf genommen werden müssen, können erst sorgfältige Aufnahmen im Gelände ergeben. Doch ist beispielsweise eine umfassende forstliche Inventur mit erheblichem Zeit- und Kostenaufwand verbunden, der nicht zuletzt von der schwierigen Begehbarkeit der Hochlagen herrührt.

Eine erste grobe Abschätzung der potentiellen Primärproduktion, die vor allem von günstigen Umweltbedingungen abhängt, kann man dagegen bereits auf der Basis von Klimaparametern vornehmen. Unter der potentiellen Produktion ist die gesamte ober- und unterirdische pflanzliche Produktion zu verstehen, die man als äquivalente Trockensubstanzmasse TP pro Quadratmeter und Jahr ($gm^{-2}a^{-1}$) angeben kann. Die frische Pflanzenmasse würde wegen des Wassergehaltes mit etwa doppelten Massenzahlen zu bewerten sein. LIETH (1974) hat aus weltweit gemessenen Werten von TP statistische Zusammenhänge mit einigen Klimafaktoren wie Lufttemperatur, Niederschlag und Verdunstung abgeleitet:

$$TP_P = 3000\,(1-e^{-0.000664 \cdot P}) \tag{34a}$$
$$TP_t = 3000/(1+e^{1.315-0.119 \cdot t}) \tag{34b}$$
$$TP_E = 3000\,(1-e^{-0.0009695 \cdot (E-20)}) \tag{34c}$$

Dabei ist P der Jahresniederschlag in mm, t die Jahresmitteltemperatur in °C und E die jährliche aktuelle Evapotranspiration in mm. Die Konstante 3000 steht für ein angenommenes Produktionsmaximum von 3000 $gm^{-2}a^{-1}$. Die Berechnung der potentiellen Produktivität aus den Formeln 34a und b - jeweils das Minimum aus TP_P und TP_t wird der für einen Ort mit Niederschlag P und Temperatur t repräsentative TP-Wert - ist unter dem Begriff »Miami-Modell« bekannt geworden, die Gleichung 34c trägt den Namen »Thornthwaite-Memorial-Modell«.

13.1 SUMMEN UND FLÄCHENMITTEL

Geht man mit den entsprechenden Daten für den Alpenpark in das Miami-Modell ein, so sieht man, daß dort immer die Temperatur den die Produktivität limitierenden Faktor darstellt; für einige Höhenstufen findet man beispielsweise folgende Werte: z = 500 m: TP_P = 2000, TP_t = 1225 $gm^{-2}a^{-1}$; z = 2500 m: TP_P = 2504, TP_t = 552 $gm^{-2}a^{-1}$. Für eine Schätzung von TP braucht daher nur Gleichung 34b, d. h. die Wärmeabhängigkeit, unter Zugrundelegung der mit Gleichung 23 errechneten Jahresmitteltemperaturen herangezogen werden. Dabei bleiben Fels- und Wasserflächen wegen ungenügender oder fehlender Bodenbildung unberücksichtigt.

Mit dem Miami-Modell erhält man also Maßzahlen für die natürliche potentielle Produktion, die für alle Flächen, u n a b h ä n g i g vom tatsächlichen Bewuchs, gleich sind, sofern nur P und t - speziell hier im Alpenpark t allein - unverändert bleiben. Es empfiehlt sich daher, die Art der Vegetation mit zu berücksichtigen, so daß nur noch Flächen gleicher Bedeckungsart bei gleichem P und t denselben TP-Wert erhalten. Eine Möglichkeit dazu bietet das Thornthwaite-Memorial-Modell, das als Eingangsparameter die aktuelle Evapotranspiration E verwendet. In der vorliegenden Arbeit ist $E(=E_v)$ theoretisch für jeden Punkt des Geländes als oberflächenspezifischer Parameter bestimmt worden und findet nun Eingang in die Gleichung 34c.

Für Tabelle 21 sind zunächst mit beiden Ansätzen die Produktionssummen TP_t und TP_E auf der Basis der tatsächlichen Oberflächen F_T errechnet und zusätzlich nach Höhenzonen und jetzigem Bewuchs stratifiziert.

Im Miami-Modell tritt der maximale Unterschied in der durchschnittlichen potentiellen Trockensubstanzproduktion von rund 170 to/km²a zwischen den

Standort: **Wald**					
z (m)	F_T (km²)	TP (to/a)		$\overline{TP}$ (to/km²a)	
		a)	b)	a)	b)
470– 999	133.4	148 110	211 848	1 110	1 588
1000–1499	125.4	119 512	186 119	953	1 484
1500–2499	27.2	22 107	37 449	813	1 377
2000–2499		—	—		
470–2499	286.0	289 729	435 416	1 013	1 523
Standort: Busch					
470– 999	17.7	20 115	24 583	1 136	1 389
1000–1499	16.0	14 689	20 091	918	1 256
1500–1999	38.9	30 539	45 014	785	1 157
2000–2499	0.6	416	655	693	1 092
470–2499	73.2	65 759	90 343	898	1 234
Standort: Grünland					
470– 999	38.6	44 189	47 753	1 145	1 237
1000–1499	6.0	5 635	6 689	939	1 115
1500–1999	5.9	4 642	6 021	787	1 021
2000–2499	0.9	609	851	677	946
470–2499	51.4	55 075	61 314	1 071	1 193
Zusammen					
470– 999	189.7	212 414	284 184	1 120	1 489
1000–1499	147.4	139 836	212 899	949	1 444
1500–1999	72.0	57 288	88 484	796	1 229
2000–2499	1.5	1 025	1 506	683	1 004
470–2499	410.6	410 563	587 073	1 000	1 430

Tab. 21: Erzeugerfläche (F_T), Masse (TP) und Flächenmittel ($\overline{TP}$) der jährlichen potentiellen Trockensubstanzproduktion in verschiedenen Höhenzonen und für unterschiedliche Vegetationsarten im Alpenpark; Berechnung mit a) Miami-Modell, b) Thornthwaite-Memorial-Modell.

Vegetationsarten Wald und Busch auf, eine Folge der dort besonders unterschiedlichen Höhenverteilung und damit Temperaturbeeinflussung ihrer Standorte. Dagegen ergibt das Thornthwaite-Memorial-Modell die größte Differenz zwischen Wald und Grünland (330 to/km²a), die vor allem auf die verschiedene Gewichtung der aktuellen Evapotranspiration E_v dieser beiden Arten zurückzuführen ist.

Mit der Zunahme der Produktionsmöglichkeit auf allen Teilflächen beim Wechsel des steuernden Parameters t auf E_v (Steigerung bei Wald 50 %, Busch 37 % und Grünland 11 %) erhöht sich auch die im Alpenpark insgesamt anfallende potentielle Trockensubstanzerzeugung von rund 410 000 to/a um 43 % auf 587 000 to/a. Die beiden Modelle simulieren also sehr verschiedene Massenproduktionen. Da die tatsächliche Verdunstung aber überwiegend von Temperatur und Niederschlag bestimmt wird, ist anzunehmen, daß die über die Verdunstung berechnete Primärproduktion TP_E den realen Werten am nächsten kommt.

Dieses auf berechneten, theoretischen Ausgangswerten und statistischen Gleichungen beruhende Datenmaterial ist nun zu verifizieren. Aus dem unmittelbaren Bereich des Alpenparks sind keine Produktionsmessungen bekannt. Dagegen hat HAGER (1975) die tatsächliche Primärproduktion eines Fichtenwaldes in der Nähe Münchens über die CO_2-Bilanz bestimmt und eine Trockensubstanzmasse von 1597 to/km²a erhalten. Auf die entsprechenden Durchschnittswerte von t, P und E dieses Bestandes angewandt ergibt das Miami-Modell eine jährliche Trockensubstanzerzeugung von 1145 to/km², die Gleichung 34c aber 1502 to/km², zum Meßwert also nur eine Differenz von 6 %. Dieser Bestand liegt in einer Höhe von 550 m über NN und läßt sich daher durchaus mit den Waldstandorten der Zone 470-999 m der Tabelle 21 vergleichen, auch wenn im Alpenpark nicht nur reine Fichtenbestände zu finden sind, sondern vielfach auch Mischformen in Fichten-Tannen-Buchen-Wäldern. Die durchschnittliche Produktion $\overline{TP}_t$ wurde dort zu 1110 to/km²a berechnet, $\overline{TP}_E$ zu 1588 to/km²a. Für die Waldstandorte im Alpenpark ist also, wie vorhin schon vermutet wurde, das Thornthwaite-Memorial-Modell als Produktionsmodell zu bevorzugen.

HAGER gibt in einer Übersicht die tatsächliche Trockensubstanzproduktion von Grasland und landwirtschaftlichen Kulturen mit einer Spannweite von 300-500 to/km²a an. Im Vergleich dazu scheint die errechnete potentielle Produktionsleistung $\overline{TP}_E$ von Grünland mit durchschnittlich 1193 to/km²a viel zu hoch, oder - anders ausgedrückt - für die tatsächliche Primärproduktion bei Grünland sind zunächst nicht Klimaparameter als limitierende Größen anzusehen. »Jedoch«, so bei HAGER »zeigt die neuere Literatur, daß das Produktionspotential der landwirtschaftlichen Kulturen durch Züchtung oder Düngung so stark gesteigert werden kann, daß bis 1400 to/km²a erzielt werden«.

Diese unterschiedliche Leistung des Thornthwaite-Memorial-Modells, für Wald in etwa die tatsächlich erzeugten Trockensubstanzmassen, für Grünland aber doch nur die potentiell mögliche Produktion zu errechnen, kann man also plausibel mit der jeweiligen Nährstoffversorgung des Bodens begründen: Während im Wald mit dem Abwurf von Blättern, Nadeln und Zweigen eine auch durch Holzeinschlag und -abtransport nur kurzfristig reduzierte natürliche Düngung stattfindet, ist die Rohstoffentnahme auf Grünland durch Ernte oder Weide so stark, daß ohne zusätzliche Düngung die potentiell möglichen Erträge nicht permanent erreicht werden. Bei ausreichender Düngung setzen jedoch die Klimafaktoren der Zunahme der Produktion unüberschreitbare Grenzen.

Zur Überprüfung der Berechnungen für die Vegetationsform Busch stehen keine Meßwerte zur Verfügung. Wahrscheinlich aber liegt deren gesamte tatsächliche Produktion im Alpenpark weit unter den angegebenen Zahlen der Tabelle 21, weil die durch einen Gitterpunkt repräsentierte Fläche meist nur unvollständig damit bedeckt ist.

13.2 FLÄCHENVERTEILUNG

Unter Anwendung der Gleichung 34c, dem Thornthwaite-Memorial-Modell, wird die Flächenverteilung der organischen Produktivität kartiert. Für Abbildung 40 ist eine Darstellung gewählt, die die pflanzliche Primärproduktion auf Horizontalebenen F_P zeigt, also nicht die Produktion auf der tatsächlichen Oberfläche F_T auf die Kartenebene zurückprojiziert. Anders also als bei der Verdunstungskarte kann man diese Produktionsverteilung n i c h t planimetrieren, um die erzeugten Massen zu erhalten; dazu sind immer die Hangneigungen zu berücksichtigen. Die Formeln von LIETH beziehen sich nämlich auf die Trockensubstanzproduktion einer ebenen Fläche, für Tabelle 21 wurde aber vorausgesetzt, daß Hänge proportional zum Flächenverhältnis F_T/F_P produzieren. Ob die Natur wirklich diesen Modellvorstellungen folgt, kann aber erst nach entsprechenden experimentellen Untersuchungen geklärt werden.

Die Abbildung 40 beinhaltet vier Produktionsklassen in Intervallen von je 200 g/m²a (=200 to/km²a), und zwar 850-1049, 1050-1249, 1250-1449 und 1450-1649 g/m²a. Analog zu höhen- und bewuchsabhängiger Verdunstungsverteilung findet man die höchste Produktivität in den Waldstandorten der Tallagen (Maximum: 1664 g/m²a), die niedrigsten in den Matten und Buschgesellschaften der alpinen Stufe (Minimum: 855 g/m²a). Zur Beurteilung, ob tatsächliche (Wald) oder potentiell mögliche (Busch?; Grünland) Primärproduktion gemeint ist, muß auf die Vegetationskarte zurückgegriffen werden.

Abb. 40: Jährliche Primärproduktion für Wald-, Busch- und Grünland als Funktion der Evapotranspiration, weiße Flächen = unproduktive Fels- und Wasserflächen

850 1050 1250 1450 1650 g/m²a

14. Überprüfung der Theoretischen Topoklimatologie durch künftige Freilandmessung

Im Vorstadium dieser Arbeit, als das Datenmaterial gesammelt und gesichtet wurde, ist deutlich geworden, welche Fülle an einzelnen meteorologischen Meßwerten für die Hochgebirge bereits vorliegen, vor allem in den Alpenländern. Dabei zeigte es sich aber, daß längerfristige, komplexe Untersuchungen, die nicht nur zur Lösung eines momentanen Problems, sondern zum Selbstverständnis des örtlichen Topoklimas beitrugen, die Ausnahme bilden. Erwähnt seien hier Untersuchungen im Ötztal (AULITZKY 1961, 1962; TURNER 1958, 1961), die bereits angesprochenen Studien im Schweizer Dischmatal zum Zwecke der Lawinenabwehr oder, im größeren Scale, die Zusammenstellung und Interpretation von Meßwerten zur Klimakunde von Tirol durch FLIRI (1975).

Die theoretische Topoklimatologie benötigt aber systematisch ermittelte Daten als Randwerte, um die ihr gestellten Aufgaben der Ermittlung des Geländeeinflusses auf Größe und Verteilung einzelner Klimaelemente und damit statistischen Verdichtung der Klimaaufnahme bewältigen zu können. Umgekehrt kann die theoretische Topoklimatologie deutlich machen, welche Parameter wo in welchem Umfang zusätzlich gemessen werden sollten, sei es, um »Problemgebiete«, die aufgrund der berechneten Verteilung als solche erkannt wurden, räumlich differenzierter zu durchleuchten oder die zeitliche Auflösung heraufzusetzen. Vor allem sind Meßwerte erforderlich, um die theoretisch erzielten Ergebnisse vorwiegend qualitativer Art in quantitativ gesicherte Skalen zu übertragen, d. h. zu objektivieren. Wieviel auch anderen Fachdisziplinen, die künftig wissenschaftlich im Alpenpark arbeiten, an solchen Grundlagen liegt, konnte auf einem Seminar »Forschung im Alpennationalpark« der Akademie für Naturschutz und Landschaftspflege im Oktober 1977 vermerkt werden, wo nachstehende Empfehlungen bereits diskutiert wurden.

Die Vorschläge sind gegliedert nach ganzjährigen Registrierungen, nach Dauermessungen über bestimmte Perioden hinweg und nach zusätzlichen Sonderuntersuchungen (Tabelle 22).

a) Dauerregistrierungen

Berchtesgaden (540 m)	Klimastation I. Ordnung, zusätzlich Global-, UV- und Nettostrahlung
Jenner, Mittelstation (1200 m)	Temperatur, Feuchte, Niederschlag, Global- und Nettostrahlung, Sonnenscheindauer, Wind
Jenner Bergstation (1800 m)	Ausrüstung wie Mittelstation

b) während bestimmter Jahreszeiten

Tal bis Gipfellagen (schneefreie Zeit)	Temperatur, Niederschlag
Tal bis Gipfellagen (Winterperiode)	Temperatursummen (Zuckerampullen), Niederschlag (Halbjahrestotalisatoren), Schneehöhen (Pegel)

c) Sonderuntersuchungen

ganzer Alpenpark	Oberflächentemperatur, Albedo, Phänologie, Schneehöhen, Ausaperung (durch Befliegungen)
verschiedene Seehöhen	Verdunstung in und außerhalb verschiedener Bestände, Lokalwindzirkulation

Tab. 22: Vorstellungen zur künftigen meteorologischen und klimatologischen Erforschung des Alpen- und Nationalparks

Dazu einige Erläuterungen: Hauptanliegen ist zunächst die unverzügliche Wiederinbetriebnahme der Station »Berchtesgaden«. Mit ihrer Stillegung Ende 1975 wurden zum Teil langjährige Beobachtungsreihen beendet, die als Bezugswerte für verschiedene Disziplinen benötigt werden. Wegen ihrer zentralen Lage ist sie für die Tallagen des Alpenparks Repräsentativstation und ermöglicht mit den beiden geplanten Stationen am Jenner die Bestimmung von Höhenprofilen der aufgeführten Parameter von 540 m bis 1800 m auf kürzeste Distanz (Horizontalentfernung etwa 6 km). Besonders wichtig erscheinen Messungen von Höhe, Verteilung und Wasseräquivalent des Schnees, der hier aus der theoretischen Untersuchung wegen unzureichender Daten ausgeklammert werden mußte, obwohl vielfältige Auswirkungen auf Vegetation, Tiere und Menschen einschließlich Wintersport und Fremdenverkehr, Wasserhaushalt usw. bekannt sind (einzelne Daten siehe HERB 1973).

Die Beobachtungslücken, die vor allem im Winter in der Gipfelregion entstehen, könnten mit Einsatz einer vollautomatischen Station mit eigener Energieversorgung (Solarzellen), vielleich bei jährlichem Standortswechsel, weiter verringert werden.

Doch nicht allein auf technische Hilfsmittel sollte die weitere klimatische Untersuchung abgestellt werden, auch der Mensch selbst kann durch eigene Beobachtung ergänzende Hinweise liefern: Sichtweite, Nebellage, Niederschlagsform, Art, Bedeckungsgrad und Höhe der Bewölkung, besondere Wolkenformen müssen die Betreuer der Hauptstationen zu festen Terminen beurteilen, aber auch das Personal der Nationalparkverwaltung, Forstbeamte oder Hüttenwirte sollten, so weit möglich, meteorologische und phänologische Beobachtungen durchführen. Erfolgreich wird diese Zusammenarbeit bereits im Nationalpark Bayerischer Wald praktiziert.

Was hier mit wenigen Worten skizziert ist, wird im Freiland zum umfangreichen Experiment, dessen Verwirklichung Jahre und Jahrzehnte bedarf. Möglichst rasch sollte daher die Einrichtung der wenigen Dauerstationen in Angriff genommen werden, nach und nach die darin einzuhängenden Zusatzmessungen, um so die Kenntnis vom Topoklima des Alpenparks und seiner weitreichenden Wirkungen auf Fauna und Flora weiter zu vertiefen.

15. Bibliographie

F. ALBRECHT
»Die Methoden zur Bestimmung der Verdunstung der natürlichen Erdoberfläche«
Arch.Met.Geophys.Biokl. B 2 (1951)

H. AULITZKY
»Über die Windverhältnisse einer zentralalpinen Hangstation in der subalpinen Stufe«
Mitt.Forstl.Vers.Anstalt Marienbrunn 59 (1961)

H. AULITZKY
»Die Bodentemperaturverhältnisse an einer zentralalpinen Hanglage beiderseits der Waldgrenze. II. Teil: Die Bodentemperatur in ihren Beziehungen zu anderen Klimafaktoren«
Arch.Met.Geophys.Biokl. B 11 (1962)

A. BAUMGARTNER u. a.
»Forstlich-phänologische Beobachtungen und Experimente am Gr. Falkenstein (Bayer. Wald)«
Forstw.Cbl. 75 (1956)

A. BAUMGARTNER
»Nebel und Nebelniederschlag als Standortfaktoren am Gr. Falkenstein (Bayer. Wald)«
Forstw. Cbl. 77 (1958)

A. BAUMGARTNER
»Die Regenmengen als Standortsfaktor am Gr. Falkenstein (Bayer. Wald)«
Forstw.Cbl. 77 (1958)

A. BAUMGARTNER
»Gelände und Sonnenstrahlung als Standortsfaktor am Gr. Falkenstein (Bayer. Wald)«
Forstw.Cbl. 79 (1960)

A. BAUMGARTNER
»Die Lufttemperatur als Standortsfaktor am Gr. Falkenstein (Bayer. Wald)«
3 Mitteilungen, Forstw.Cbl. 79-81 (1960-1962)

A. BAUMGARTNER
»Einfluß des Geländes auf Lagerung und Bewegung der nächtlichen Kaltluft«
In: F. SCHNELLE »Frostschutz im Pflanzenbau«, Bd. 1, Bayer. Landwirtschaftsverl.GmbH, München 1965

A. BAUMGARTNER
»Energetic Bases for Differential Vaporization from Forest and Agricultural Lands«
In: W. SOPPER, H. LULL (Ed.) »Forest Hydrology«
Pergamon Press, Oxford 1967

A. BAUMGARTNER
»Vaporization in Forests«
In: »Proc. Joint FAO/U.S.S.R. Intern. Symposium on Forest Influences and Watershed Managment«
Moscow, U.S.S.R. 1970

A. BAUMGARTNER
»Wald als Umweltfaktor in der Grenzschicht Erde / Atmosphäre
Veröff.Met.Gesellschaft München 3 (1973)

A. BAUMGARTNER, G. GIETL
»Globalstrahlung in München 1960-1974«
Univ.München, Met.Inst., Wiss.Mitt. 25 (1975)

BAYER. GEOLOGISCHES LANDESAMT
»Geologische Karte von Bayern (mit Erläuterungen)«
Verlag Bayer. Geol. Landesamt, München 1964

BAYER. LANDESSTELLE F. GEWÄSSERKUNDE
»Deutsches Gewässerkundliches Jahrbuch, Donaugebiet«
Jahrbücher der Abflußjahre 1931-1960, München

BAYER. LANDESSTELLE F. GEWÄSSERKUNDE
»Verzeichnis der Flächeninhalte der Bach- und Flußgebiete in Bayern. Mit einem Flußgebietsatlas 1:200 000, Stromgebiet der Donau: Q. Inn«
München 1955

BAYER. STAATSMINISTERIUM F. ERNÄHRUNG, LANDWIRTSCHAFT U. FORSTEN
»Landeskultur im Alpenpark«
München 1974

H. BRANDECKER
»Hydrogeologie des Salzburger Beckens«
Steirische Beitr.z.Hydrogeologie, Graz 1974

H. BRANDECKER, V. MAURIN, J. ZÖTL
»Hydrogeologische Untersuchungen und baugeologische Erfahrungen beim Bau des Dießbach-Speichers«
Steirische Beitr.z.Hydrogeologie, Graz 1965

M.I. BUDYKO
»Atlas teplovogo blansa zemnogo sara«
Moskau 1963

H. BURGER
»Einfluß des Waldes auf den Stand der Gewässer. II. Mitteilung: Der Wasserhaushalt im Sperbel- und Rappengraben von 1915/16 bis 1926/27«
Mitt.Schweiz.Anstalt f.d.forstl.Versuchsw.18 (1934)

H. CRAMER
»Grundwasser und Quellen des Bayerischen Alpengebietes«
Geologica Bavarica (1953)

A. DEFANT
»Der Abfluß schwerer Luftmassen auf geneigtem Boden nebst Bemerkungen zu der Theorie stationärer Luftströme«
Sitzungsber.Preuß.Ak.Wiss.,Phys.-Math.Kl.,Berlin 1933

DEUTSCHER WETTERDIENST
»Jahresbericht 1973«
Selbstverl.Dt.Wetterd., Offenbach a. M. 1974

DEUTSCHER WETTERDIENST
Mittlere Temperaturen der Periode 1931-1960
unveröff.Unterlagen d. Wetteramtes München

DEUTSCHER WETTERDIENST
Mittlere Niederschlagssummen der Periode 1931-1960
unveröff. Unterlagen d. Wetteramtes München

DEUTSCHER WETTERDIENST (Reichsamt f. Wetterdienst)
»Deutsches Meteorologisches Jahrbuch«
Jahrbücher 1934-1960, Berlin, Bad Kissingen, Offenbach

I. DIRMHIRN
»Das Strahlungsfeld im Lebensraum«
Akad. Verlagsges. Frankfurt 1964

W.L. DIXON
»BMD, Biomedical Computer Programms«
Univ.California Press, Berkley a. Los Angeles 1967

G. ENDERS
»Schattenkartierung als Grundlage für forstliche Planung im Alpenpark Königssee«
Forstw.Cbl. 95 (1976)

G. ENDERS
»Klimatologische und hydrologische Planungsgrundlagen für den Alpenpark Königssee«
Forstw.Cbl. 96 (1977)

O. ERTL
»Der mittlere Gang des Wasserhaushaltes der Saalach«
Arch. Wasserwirtsch. 54 (?)

F. FLIRI
»Das Klima der Alpen im Raume von Tirol«
Monogr.z.Landeskde.Tirols, Folge 1, Univ.-Verlag Wagner, Innsbruck-München 1975

E. FRANKENBERGER
»Über vertikale Temperatur-, Feuchte- und Windgradienten in den untersten 7 Dekametern der Atmosphäre, den Vertikalaustausch und den Wärmehaushalt am Wiesenboden bei Quickborn/Holstein 1953/54«
Ber.Dtsch.Wetterdienst 20 (1955)

M. GANGOPADHYAHA et. al.
»Measurement and estimation of evaporation and evapotranspiration«
World Meteorol. Organiz., Techn. Paper No. 105, WMO-No. 201, WMO Genf 1966

O. GANSS
»Geologie der Berchtesgadener und Reichenhaller Alpen«
Verlag A. Plenk, Berchtesgaden (?)

R. GEIGER
»Das Klima der bodennahen Luftschicht«
Fr. Vieweg & Sohn, Braunschweig 1927, 1. Auflage

R. GEIGER
»Das Klima der bodennahen Luftschicht«
R. Vieweg & Sohn, Braunschweig 1961, 4.neu bearb. und erw. Auflage

R. GEIGER
»Topoclimates«
In: H. FLOHN (Ed.) »World Survey of Climatology Vol. II 'General Climatology 2'«, Elsevier 1969

R. GESSLER
»Die Stärke der unmittelbaren Sonnenbestrahlung der Erde in ihrer Abhängigkeit von der Auslage«
Veröff.Preuß.Met.Inst. 330, Abh.Bd.8 (1925)

A. GIESSLER
»Das unterirdische Wasser«
VEB Dtsch.Verlag d. Wissenschaften, Berlin 1957

G. GIETL
»Gelände- und Insolationskarten für das Gebiet des Nationalparks Bayerischer Wald«
Forstw.Cbl. 93 (1974)

K. GÖHRE
»Der Wasserhaushalt im Boden«
Zeitschr.f.Met. 3 (1949)

K. GRÄFE
»Strahlungsempfang vertikaler, ebener Flächen; Globalstrahlung von Hamburg«
Ber.Dtsch.Wetterdienst 29 (1956)

J. HAEUSER
»Niederschlagsbelastung der bayerischen Flußgebiete, Mittelwerte 1901-1910«
Veröff.Bayer.Landesst.f.Gewässerkde., München 1927

J. HAEUSER
»Die Niederschlagsverhältnisse in Bayern und in seinen angrenzenden Staaten. Atlas und Tabellenband«
Veröff.Bayer.Landesst.f.Gewässerkde., München 1930

H. HAGER
»Kohlendioxydkonzentrationen, -Flüsse und -Bilanzen in einem Fichtenwald«
Univ.München,Met.Inst., Wiss.Mitt. 26 (1975)

H. HERB
»Schneeverhältnisse in Bayern«
Schriftenreihe d. Bayer. Landesst. f. Gewässerkde. München 12 (1973)

H. HEYNE
»Diagramme zur Bestimmung der extraterrestrischen Hangbestrahlung«
Mitt.Inst.Geophys.Met.Univ.Köln 10 (1969)

S. v. HOERNER, K. SCHAIFERS
»Meyers Handbuch über das Weltall«
Bibl.Inst.Mannheim, 1964

G. HOFMANN
»Die Thermodynamik der Taubildung«
Ber.Dtsch.Wetterdienst 19 (1955)

G. HOFMANN
»Meteorologisches Instrumentenpraktikum«
Univ.München,Met.Inst.,Wiss.Mitt. 5 (1960)

C.E. HOUNAM
»Problems of evaporation assessment in the water balance«
World Meteorol. Organiz.,WMO-No. 285, WMO Genf 1971

F. INNEREBNER
»Über den Einfluß der Exposition auf die Temperaturverhältnisse im Gebirge«
Met.Ztschr. 50 (1933)

J. JENIK, M.REJMANEK
»Interpretation of Direct Solar Irradiation in Ecology«
Arch.Met.Geophys.Biokl. B 17 (1969)

H. JUNGHANS
»Zur Besonnung von Hanglagen«
Wiss.Ztschr.Techn.Univ.Dresden 12 (1963)

H. JUNGHANS
»Der Geometriefaktor der Sonnenstrahlung«
Wiss.Ztschr.Techn.Univ.Dresden 14 (1965)

W. KAEMPFERT
»Bestimmung der möglichen Sonnenscheindauer mit Hilfe eines einfachen Höhensuchers und der Tagbogenverkürzung«
Wiss.Abh.Reichsamt f. Wetterd. 9 (1941)

H. KERN
»Niederschlags-, Verdunstungs- und Abflußkarten von Bayern (Jahresmittel 1901/1951)«
Veröff.Arbeitsbereich Bayer.Landesst.Gew.kde. 1954

H. KERN
»Niederschlagshöhen Jahr, Sommerhalbjahr, Winterhalbjahr 1931-1960«
3 Karten 1:500 000, herausgeg. v. Oberster Baubehörde im Bayer. Staatsministerium d. Innern, München 1971

H. KERN
»Mittlere jährliche Verdunstungshöhen 1931-1960 Karte von Bayern 1:500 000 mit Erläuterungen«
Schriftenreihe Bayer. Landesamt f. Wasserwirtschaft 2 (1975)

H.H. KIMBALL
»Variations in the total and luminous solar radiation with geographical position on horizontal, vertical and sloping surfaces«
Mon.Weather Rev. 47 (1919)

K. KNOCH
»Die Landesklimaaufnahme«
Ber.Dtsch.Wetterdienst 85 (1963)

J.N. KÖSTLER, H. MAYER
»Wälder im Berchtesgadener Land«
Hanns-Seidel-Stiftung (Hrsgb.), München 1974

F. KORTÜM
»Der Einfluß meteorologischer Parameter auf die Verdunstung der Erdoberfläche«
Arch.Forstwes. 7 (1958)

O. KUHN
»Geologie von Bayern«
BLV Verlagsgesellschaft, München 1964

LANDOLT - BÖRNSTEIN
»Zahlenwerte und Funktionen. III. Band: Astronomie und Geophysik«
Springer-Verlag, Heidelberg 1952

F. LAUSCHER
»Beziehungen zwischen der Sonnenscheindauer und Sonnenstrahlungssumme für alle Zonen der Erde«
Met.Ztschr. 51 (1934)

F. LAUSCHER
»Weltweite Typen der Höhenabhängigkeit des Niederschlages«
Wetter u. Leben 28 (1976)

R. LEE
»Theory of the 'Equivalent Slope'«
Mon.Weather Revue 90 (1961)

R. LEE, A. BAUMGARTNER
»The Topography and Insolation Climate of a Mountainous Forest Area«
Forest Sc. 12 (1966)

H. LIETH
»Basis und Grenze für die Menschheitsentwicklung: Stoffproduktion der Pflanzen«
Umschau 74 (1974)

A. LOHR
»Die Niederschlagsverhältnisse in Bayern im Durchschnitt der Jahresreihe 1901/1945«
Beitr.z.Gewässerkde., Festschrift zum fünfzigjährigen Bestehen d. Bayer. Landesst.Gew.kde., 1950

R. LÜTZKE
»Vergleichende Energieumsatzmessungen im Wald und auf einer Wiese«
Arch.Forstwes. 15 (1966)

R. LÜTZKE
»Wasserverbrauch und Energieumsatz eines Kiefernbestandes und einer Wiese«
Arch.Forstwes. 18 (1969)

L.B. MacHATTIE, F. SCHNELLE
»An Introduction to Agrotopoclimatology«
World Meteorol. Organiz., Techn. Note No. 133, WMO-No. 378, WMO Genf 1975

H. MARGL
»Die direkte Sonnenstrahlung als standortsdifferenzierender Faktor im Bergland«
Allg.Forstz. 82 (1971)

J. MAYR
»Über die Ergebnisse der Verdunstungsversuche in München-Bogenhausen«
Wasserkraft u. Wasserwirtschaft 23 (1928)

G. MEISTER
»Nationalpark Berchtesgaden«
Kindler Verlag, München 1976

M. MILANKOVITCH
»Mathematische Klimalehre«
In: W. KÖPPEN, R. GEIGER »Handbuch der Klimatologie«, Bd. I. Teil A
Gebr. Borntraeger, Berlin 1930

A. MORGEN
»Der Trierer Geländebesonnungsmesser«
Ber.Dtsch.Wetterdienst US-Zone 42 (1952)

A. MORGEN
»Die Besonnung und ihre Verminderung durch Horizontbegrenzung«
Veröff.Met.Hydr.Dienst d. DDR 12 (1957)

M. OKANOUE
»A simple method to compute the amount of sunshine on a slope«
Journ.Jap.Forestry 1957

H.L. PENMAN
»Natural evaporation from open water, bare soil and grass«
Proc.Roy.Soc.London A 193 (1948)

E. REICHEL
»Der Zusammenhang zwischen Temperatur, Niederschlag und Verdunstung in den Alpen«
La Mètèorologie IV (1957)

M. RICHTER
»Die deutschen Alpen und ihre Entstehung«
Reihe: Deutscher Boden, Bd.V., Gebr. Borntraeger, Berlin 1937

W. RICHTER, W. LILLICH
»Abriß der Hydrogeologie«
Schweizerbart'sche Verlagsbuchhandlg., Stuttgart 1975

A.J. RUTTER
»Die Wasserverdunstung durch Wälder«
Endeavour 97 (1967)

F. SAUBERER, I. DIRMHIRN
»Das Strahlungsklima«
In: »Klimatographie von Österreich«, Bd. 3, 1. Lieferung, Österr.Akad.Wiss., Springer-Verl., Wien 1958

H. SCHIRMER
»Mittlere Jahressummen des Niederschlags für das Gebiet der Bundesrepublik«
Deutsch. Wetterdienst, Bad Kissingen 1955

A. SCHLEIN
»Der Sonnenschein-Integrator, ein Instrument zur mechanischen Bestimmung der effektiv möglichen Sonnenscheindauer«
Met.Ztschr. 48 (1931)

W. SCHMIDT
»Der Tagbogenmesser, ein Gerät zum Verfolgen der Bahn der Sonne am Himmel«
Met.Ztschr. 50 (1933)

K. SCHRAM, J.C. THAMS
»Die kurzwellige Strahlung von Sonne und Himmel auf verschieden orientierten und geneigten Flächen«
Arch.Met.Geophys.Biokl. B 15 (1967)

R. SCHULZE
»Strahlenklima der Erde«
Dr. D. Steinkopff-Verlag, Darmstadt 1970

F. STEINHAUSER
»Die Zunahme der Intensität der direkten Sonnenstrahlung mit der Höhe im Alpenland und die Verteilung der 'Trübung' in den unteren Luftschichten«
Met.Ztschr. 56 (1939)

F. STEINHAUSER
Mittlere Lufttemperaturen in Österreich, Periode 1931-1960
Unveröff. Arbeitsunterlage d. Zentr. Anstalt f. Met. u. Geodyn. Wien

H. STEINHÄUSSER
»Gebietsverdunstung und Wasservorrat in verschiedenen Seehöhen Österreichs«
Österr.Wasserwirtsch. 22 (1970)

R. STRAUSS
»Energiebilanz und Verdunstung eines Fichtenwaldes im Jahre 1969«
Univ.München, Met.Inst., Wiss.Mitt. 22 (1971)

C.W. THORNTHWAITE
»An approach towards a rational classification of climate«
Geograph.Rev. 38 (1948)

C.W. THORNTHWAITE
»Micrometeorology of the Surface Layer of the Atmosphere«
Publ. in Climatol., Vol.I, No. 4, Seabrook 1948

C.W. THORNTHWAITE
»A charter for climatology«
WMO Bulletin 2 (1953)

C.W. THORNTHWAITE
»Average Climatic Water Balance Data of the Continents. Part V. Europe«
Publ. in Climatol., Vol.17, No.1, Centerton 1964

C.W. THORNTHWAITE, J.R. MATHER
»The computation of soil moisture«
In: »Estimating Soil Tractionability from Climatic Data«
Publ. in Climatol., Vol.7, No. 3, Centerton 1954

N.H. THYER
»A Theoretical explanation of Mountain and Valley Winds by a Numerical Method«
Arch.Met.Geophys.Biokl. A 15 (1966)

F. TONNE
»Tageslicht und Besonnung im Hochbau. Das Horizontoscop, ein Hilfsmittel für die Planung«
Glasforum 6 (1952)

W. TRABERT
»Lehrbuch der kosmischen Physik«
B.G.Teubner, Leipzig u. Berlin 1911

L. TURC
»Le bilan d'eau des sols. Relations entre les prècipitations, l'èvaporation et l'ècoulement«
Ann.Agron. 5 (1954)

H. TURNER
»Über das Licht- und Strahlungsklima einer Hanglage der Ötztaler Alpen bei Obergurgl und seine Auswirkungen auf das Mikroklima und auf die Vegetation«
Arch.Met.Geophys.Biokl. B 8 (1958)

H. TURNER
»Jahresgang und biologische Wirkungen der Sonnen- und Himmelstrahlung an der Waldgrenze der Ötztaler Alpen«
Wetter u. Leben 13 (1961)

H. TURNER
»Die globale Hangbestrahlung als Standortsfaktor bei Aufforstungen in der subalpinen Stufe«
Mitt.Schweiz.Vers.Anstalt f.d.Forstwes. 42 (1966)

CH. URFER-HENNEBERGER
»Wind- und Temperaturverhältnisse an ungestörten Schönwettertagen im Dischmatal bei Davos«
Schweiz.Anst.Forstl.Versuchswes. 40 (1964)

CH. URFER-HENNEBERGER
»Zeitliche Gesetzmäßigkeiten des Berg- und Talwindes«
Veröff.Schweiz.Met.Zentralanst. 4 (1967)

CH. URFER-HENEBERGER
»Neuere Beobachtungen über die Entwicklung des Schönwetterwindsystems in einem V-förmigen Alpental«
Arch.Met.Geophys.Biokl. B 18 (1970)

I. VERGEINER
»Föhn- und Leewellenströmung in einem dreidimensionalen numerischen Modell«
Ber.nat.-med. Ver. Innsbruck 63 (1976)

G. VÖLKL
»Markierungsversuch Hagengebirge 1976«
Sonderheft »Hagengebirge 1976 - Dokumentation einer Expedition«, Vereinsmitt. d. Landesvereins f. Höhlenkunde in Salzburg, 1977

F. WILFART
»Die Hangwinde: Theorien, Windprofil, Temperaturverteilung und Energieumsetzung«
Diplomarbeit Met.Inst.Univ.München, 1973

W. WITTICH
»Bodenkunde«
In: MÜLLER »Grundlagen der Forstwirtschaft«
Schaper-Verlag, Hannover 1959

16. Verzeichnis häufig verwendeter Symbole

z	Höhe über Normalnull		ζ	Horizontüberhöhungswinkel
a_H	Hangazimut		P	Niederschlagshöhe
n	Hangneigung		D	Abflußhöhe
φ λ	geogr. Breite, geogr. Länge		Mq	Abflußspende
h	Höhe der Sonne		E	Verdunstungshöhe

h Index: E über der Horizontebene

R relativer Abstand Erde-Sonne

δ Deklination der Sonne

a Azimut der Sonne
   Indizes: A für Sonnenaufgang
            U für Sonnenuntergang

t Stundenwinkel der Sonne; Lufttemperatur

SA, SU Stundenwinkel der Sonne bei Sonnenaufgang und -untergang an freistehenden Hängen
   Index: S für zusätzlich berücksichtigte Horizonteinengung

I solare Bestrahlungsstärke
   Indizes: o   für Solarkonstante
            d   für extraterrestrische Tagesm.
            d,f für Tagesmittel in wolkenfreier Atmosphäre
            P   für Mittel über die Periode P

f Transmissionsfaktor als Funktion von Seehöhe, Deklination und Stundenwinkel
   Indizes: W für Wintermonate
            S für Sommermonate

E Verdunstungshöhe
   Indizes: Th, M für Monatssummen nach THORNTHWAITE
            t für Funktion von der Jahresmitteltemperatur;
            z für Funktion von der Seehöhe;
            T für Funktion von tatsächlicher Oberfläche und Seehöhe, zugleich auf Horizontalebene projiziert;
            v für Funktion von Oberflächenbedeckung, tatsächlicher Oberfläche und Seehöhe = komplexe Evapotranspiration
            P für Projektion der komplexen Evapotranspiration auf die Horizontalebene;

F Fläche
   Indizes: P für projizierte Fläche;
            T für tatsächliche Fläche;

v Relative Evapotranspiration

V Verdunstungsvolumen

Anhang

Vorbemerkung

Nach Fertigstellung vorstehender Dissertation, in der hauptsächlich klimatologische Jahreswerte berücksichtigt sind, wurde angeregt, mit Hilfe des einmal zusammengetragenen Datenmaterials auch eine Übersicht über deren Jahresgang zu geben. In einen tabellarischen Überblick können auch zusätzliche Klimaelemente Eingang finden, die wegen zu geringer Erhebungsdichte aus einer Kartierung ausgeklammert werden mußten. Ohne Anspruch auf Vollständigkeit gibt dieser Anhang die Ergebnisse von Beobachtungen an den Klimastationen höherer Ordnung, an den Niederschlags- und an den Schneemeßstationen im Alpenpark wieder.

Soweit möglich werden Mittelwerte der Periode 1931-60 mitgeteilt; wo Beobachtungen nur für andere oder kürzere Zeiträume vorliegen, wurde versucht, deren Mittel durch Gegenüberstellung der zeitlich entsprechenden Mittel aus den langen Datenreihen benachbarter Stationen klimatisch zu charakterisieren.

Die Schneemessungen mit Ausnahme der Neuschneehöhen, denen der Zeitraum 1948/49 bis 1957/68 zugrunde liegt, umfassen die 20 Winter 1936/37 bis 1957/58 ohne 1944/45 und 1945/46. Für die Genehmigung des Zitats von Schneedaten aus

W. CASPAR »Die Schneedecke in der Bundesrepublik Deutschland« Deutscher Wetterdienst, Offenbach 1962

H. HERB »Schneeverhältnisse in Bayern« Schriftenreihe Bayer. Landesst. Gew. kde 12, München 1973

sei an dieser Stelle gedankt. Das übrige Datenmaterial wurde in dankenswerter Weise vom Archiv des Deutschen Wetterdienstes zur Verfügung gestellt.

Das Stationsverzeichnis enthält neben Angaben über geographische Lage und Stationshöhe eine Übersicht, welche Beobachtungsdaten für jede Station im Tabellenteil berücksichtigt sind. Bei Stationen, die verlegt wurden, ist die letztgültige Position angegeben.

Inhaltsverzeichnis

Tab. 1 Monats- und Jahresmittel der Lufttemperatur (°C) für Reichenhall, Berchtesgaden, Obersalzberg, Predigtstuhl, Untersberg, Jenner und Watzmannhaus

Tab. 2 Mittelwerte von Beginn, Ende und Andauer einer Lufttemperatur von 5° und 10° C für Reichenhall, Berchtesgaden, Predigtstuhl, Jenner und Watzmannhaus

Tab. 3 Monats- und Jahresmittel der relativen Feuchte (%) für Reichenhall, Berchtesgaden, Predigtstuhl und Jenner

Tab. 4 Monats- und Jahresmittel des Dampfdrucks (Torr) für Reichenhall, Berchtesgaden, Predigtstuhl und Jenner

Tab. 5 Monats- und Jahresmittel der Bewölkung (1/10) für Reichenhall, Berchtesgaden, Predigtstuhl, Jenner und Watzmannhaus

Tab. 6 Mittlere Monats- und Jahressummen der Sonnenscheindauer (Stunden) für Reichenhall, Berchtesgaden und Predigtstuhl

Tab. 7 Mittlere Monats- und Jahressummen der potentiellen Evapotranspiration (mm) für Reichenhall Berchtesgaden, Obersalzberg, Predigtstuhl, Untersberg, Jenner und Watzmannhaus

Tab. 8 Mittlere Monats- und Jahressummen des Niederschlages (mm) für 28 Stationen

Tab. 9 Mittlere und extreme Zahl der Tage mit Schneedeckenhöhe ≥0 cm für Monate und Winterzeitraum sowie mittlere und extreme Daten der Schneedeckenzeit für 13 Stationen

Tab. 10 Mittlere und extreme monatliche Schneedeckenhöhe (cm) für 13 Stationen

Tab. 11 Mittlere und extreme monatliche Schneehöhen (cm) für 13 Stationen

Tab. 12 Mittlere und extreme Monatssummen der Neuschneehöhe (cm) für 13 Stationen

Erläuterungen zu den Tabellen

Tabellen 1 bis 8

Sofern in den Tabellen nicht anders vermerkt, beziehen sich alle Angaben auf den Zeitraum 1931-60.

Wegen vorgenommener Rundung aller Werte müssen sich Jahressummen der mittleren Monatswerte nicht genau auf 100 % der angegebenen mittleren Jahreswerte belaufen.

Die Werte der monatlichen und jährlichen potentiellen Evapotranspiration (Tabelle 8) wurden nach THORNTH-WAITE's Formel aus den Temperaturangaben der Tabelle 1 berechnet.

Tabellen 9 bis 12

Abweichend von den in den Vorbemerkungen angegebenen Beobachtungszeiträumen für Schneedeckendaten und Neuschneehöhen ist der Beobachtungszeitraum für die Station »Traunsteiner Hütte« generell 1957/58 bis 1971/72, für »Jenner-Mittelstation« 1967/68 bis 1971/72.

Definitionen

Schneedecke: vollständige oder teilweise Bedeckung des Erdbodens mit Schnee von beliebiger Höhe; Höhenmessung an mehreren Stellen und Angabe des Mittels daraus;

mittl. Schneedeckenhöhe: Summe der Schneehöhen der einzelnen Tage, dividiert durch Zahl der Tage der Schneedecke;

mittl. Schneehöhe: Summe der Schneehöhen der einzelnen Tage, dividiert durch Gesamtzahl der Tage des Beobachtungszeitraumes;

mittl. Neuschneehöhe: Summen des täglichen Schneehöhenzuwachses, dividiert durch Gesamtzahl der Tage des Beobachtungszeitraumes;

Schneedeckenzeit: Zeitspanne vom Beginn der ersten bis zum Ende der letzten Schneedecke eines Winters;

Falls in den betreffenden Monaten keine Schneedecke vorhanden bzw. kein Neuschneefall zu verzeichnen war, steht in den Tabellen ein Punkt (.); ein Kreuz (x) besagt, daß keine Meßwerte vorliegen. Bei in Klammern gesetzten Werten gibt der Index die vom üblichen Zeitraum abweichende Zahl der Beobachtungsjahre an.

Stationsverzeichnis

Station	Breite ° '	Länge ° '	Höhe m	Temperatur	Temp. Schwellen	rel. Feuchte	Dampfdruck	Bewölkung	Sonnenscheindauer	pot. ETP	Niederschlag	Schneedeckentage	Schneedeckenhöhe	Schneehöhe	Neuschneehöhe
Berchtesgaden	47 38	13 00	542	x	x	x	x	x	x	x	x	x	x	x	x
Fischunkelalm	47 31	13 00	720								x				
Funtenseehütte	47 30	12 56	1638								x				
Hallthurm	47 42	12 56	693								x	x	x	x	x
Hintersee	47 36	12 51	804								x	x	x	x	x
Ilsank	47 37	12 56	590								x	x	x	x	x
Jenner-Bergstation	47 35	13 01	1800	x	x	x	x	x	x	x					
Jenner-Mittelstation	47 35	13 01	1220									x	x	x	x
Jettenberg	47 41	12 50	500								x				
Königssee	47 36	12 59	605								x				
Lindenhäusl	47 37	12 54	850								x				
Loipl	47 39	12 56	830								x				
Melleck	47 40	12 45	550									x	x	x	x
Obersalzberg	47 38	13 03	960	x							x	x	x	x	x
Predigtstuhl	47 42	12 53	1578	x	x	x	x	x	x	x	x				
Priesbergalpe	47 33	13 00	1438								x				
Purtschellerhaus	47 36	13 03	1770								x				
Reichenhall	47 42	12 53	468	x	x	x	x	x	x	x	x	x	x	x	x
Reiteralpe	47 39	12 50	1500								x				
Riemannhaus	47 28	12 55	2133								x				
Ristfeucht	47 40	12 46	550								x				
Sagereckalm	47 31	12 58	1364								x				
Salettalpe	47 31	12 58	602								x				
Schellenberg	47 41	13 02	540									x	x	x	x
Schwarzbachwacht	47 38	12 51	893									x	x	x	x
Söldenköpfl	47 37	12 56	972								x				
Stahlhaus	47 34	13 03	1740								x				
Traunsteiner Hütte	47 38	12 48	1560									x	x	x	x
Untersberg	47 43	13 00	1663	x							x				
Watzmannhaus	47 34	12 56	1923	x	x		x			x	x				
Weißbach	47 43	12 46	611									x	x	x	x
Wimbachgrieshütte	47 32	12 54	1327								x				

Station	Höhe (m)	Jan	Feb	Mär	Apr	Mai	Jun	Jul	Aug	Sep	Okt	Nov	Dez	Jahr
Reichenhall	468	-1.9	-0.6	3.7	8.3	12.6	15.7	17.3	16.7	13.6	8.2	3.4	-0.5	8.0; 7.9[1]
Berchtesgaden	542	-2.7	-1.2	3.0	7.1	11.7	14.8	16.3	15.4	12.6	7.3	2.7	-1.2	7.2; 6.9[1]
Obersalzberg[1]	960	-2.1	-0.9	1.8	5.6	10.6	13.4	15.4	15.0	11.5	6.8	2.2	-1.1	6.5
Predigtstuhl	1578	-4.1	-3.9	-1.0	1.8	6.2	9.4	11.2	11.1	9.2	4.6	1.1	-2.2	3.6
Untersberg	1663	-5.0	-4.4	-1.2	2.2	6.4	9.7	11.7	11.8	8.8	4.5	0.3	-3.0	3.5
Jenner-Bergst.	1800	-5.6	-5.0	-2.1	0.8	4.6	7.8	9.7	9.6	7.8	3.7	0.2	-3.6	2.3
Watzmannhaus	1923	-5.7	-5.8	-2.9	0.0	4.4	7.4	9.4	9.6	7.6	3.7	-0.8	-3.4	2.0

Tab. 1: Monats- und Jahresmittel der Lufttemperatur in °Celsius   [1] Periode 1881-1930

Station	Höhe (m)	≥ 5 °C			≥ 10 °C		
		Beginn	Ende	Dauer	Beginn	Ende	Dauer
Reichenhall	468	24. 3.	4. 11.	226	27. 4.	5. 10.	162
Berchtesgaden	542	30. 3.	30. 10.	215	4. 5.	30. 9.	150
Predigtstuhl	1578	7. 5.	13. 10.	160	25. 6.	2. 9.	69
Jenner-Bergst.	1800	19. 5.	6. 10.	141	—	—	
Watzmannhaus	1923	21. 5.	5. 10.	138	—	—	

Tab. 2: Mittelwerte von Beginn, Ende und Andauer einer Lufttemperatur von 5 und 10 °C

	Reichenhall (468 m)	Reichenhall (468 m)	B'gaden (542 m)	Predigtstuhl (1578 m)	Reichenhall (468 m)	Jenner (1800 m)	B'gaden (542 m)
	1931-60	1951-60		1933_3-43_2		1955_6-59_{10}	
Januar	83	80	85	80	84		
Februar	81	81	83	76	80	70	82
März	77	77	79	76	75	75	78
April	75	75	77	82	76	81	77
Mai	76	75	77	82	77	81	77
Juni	77	77	80	81	77	85	81
Juli	78	77	81	81	78	84	81
August	81	79	83	82	82	85	84
September	83	82	84	79	84	78	84
Oktober	84	82	84	80	86	73	84
November	85	82	87	73	86		
Dezember	86	83	89	76	87		
Jahr	81	79	82	79	81		

Tab. 3: Monats- und Jahresmittel der relativen Feuchte in Prozent

	Reichenhall (468 m)	Reichenhall (468 m)	B'gaden (542 m)	Predigtstuhl (1578 m)	Reichenhall (468 m)	Jenner (1800 m)	B'gaden (6542 m)
	1931-60	1951-60		1933_3-43_2		1955_6-59_{10}	
Januar	3.5	3.4	3.4	2.6	3.6		
Februar	3.8	3.6	3.5	2.7	3.8	2.2	4.0
März	4.7	4.7	4.3	3.2	4.7	2.9	4.4
April	6.3	6.0	5.6	4.1	6.0	3.5	5.8
Mai	8.6	8.2	7.7	5.4	8.1	5.2	7.8
Juni	10.6	10.4	10.0	7.3	10.6	6.5	9.8
Juli	11.8	11.5	11.3	8.0	11.6	7.9	11.0
August	11.7	11.3	10.9	7.8	11.5	7.3	10.4
September	10.0	9.6	9.1	6.8	9.9	6.3	9.4
Oktober	7.2	6.9	6.6	4.9	7.4	4.3	7.2
November	5.1	5.0	4.9	3.6	5.2		
Dezember	4.0	4.1	4.1	2.5	3.9		
Jahr	7.3	7.0	6.8	4.9	7.2		

Tab. 4: Monats- und Jahresmittel des Dampfdrucks in Torr

	Reichen-hall (468 m)	Reichen-hall (468 m)	B'gaden (542 m)	Predigt-stuhl (1578 m)	Reichen-hall (468 m)	Jenner (1800 m)	B'gaden (542 m)	Reichen-hall (468 m)	Watz-mannhaus (1923 m)	B'gaden (542 m)	Reichen-hall (468 m)
	1931-60	1951-60		1933$_3$-43$_2$		1955$_6$-60$_5$			1948-52		
Jan	7.0	7.1	7.3	6.5	6.9	6.3	6.9	6.8	6.7	7.4	7.3
Feb	6.6	6.9	7.0	6.1	6.0	5.7	6.2	6.3	6.6	7.2	6.9
Mär	6.1	6.1	6.5	6.3	6.1	6.2	6.5	6.1	6.4	6.5	6.3
Apr	6.3	6.2	6.8	7.2	6.7	7.2	6.8	6.4	6.2	6.5	5.7
Mai	6.2	6.1	6.6	7.1	6.7	6.8	6.4	6.0	6.8	6.6	6.0
Jun	6.3	6.6	7.0	6.6	6.2	7.1	6.9	6.6	6.9	6.7	6.1
Jul	6.1	6.3	6.6	6.6	6.2	7.0	6.7	6.2	6.3	6.0	5.5
Aug	5.7	5.6	6.3	6.5	5.9	6.5	6.5	5.9	6.0	6.1	5.4
Sep	5.3	5.5	6.0	6.3	5.3	5.5	5.7	5.2	5.8	6.3	5.5
Okt	6.0	5.6	6.4	6.7	6.8	5.1	6.1	5.4	5.1	6.4	5.8
Nov	7.2	7.2	7.4	6.2	7.0	5.5	7.9	7.8	6.9	7.8	7.4
Dez	7.1	7.4	7.6	6.0	6.9	6.0	7.3	7.0	5.6	7.3	6.9
Jahr	6.3	6.4	6.8	6.5	6.4	6.2	6.7	6.3	6.3	6.7	6.2

Tab. 5: Monats- und Jahresmittel der Bewölkung in Zehntel

	Predigtstuhl (1578 m)		Reichenhall (468 m)		B'gaden (542 m)	R'hall (468 m)
	1935-42				1951-60	
	Stunden	% der mög-lichen Dauer	Stunden	% der mög-lichen Dauer	Stunden	Stunden
Januar	75	27	42	15	62	61
Februar	108	37	91	32	75	64
März	141	38	132	36	125	135
April	122	29	129	32	140	155
Mai	164	34	170	37	174	192
Juni	212	44	219	46	160	172
Juli	202	42	207	43	176	193
August	189	42	195	44	179	197
September	173	46	173	46	149	166
Oktober	118	35	102	32	120	131
November	105	37	66	24	63	63
Dezember	93	35	38	15	49	47
Jahr	1701	38	1564	35	1472	1575

Tab. 6: Mittlere Monats- und Jahressummen der Sonnenscheindauer

Station	Höhe (m)	Jan	Feb	Mär	Apr	Mai	Jun	Jul	Aug	Sep	Okt	Nov	Dez	Jahr	
Reichenhall	468	0	0	19	47	83	106	117	104	72	38	13	0	599;	593[1]
Berchtesgaden	542	0	0	17	44	81	103	113	99	69	36	12	0	574;	567[1]
Obersalzberg[1]	960	0	0	12	38	77	97	111	99	66	37	11	0	548	
Predigtstuhl	1578	0	0	0	21	61	85	97	89	66	35	10	0	464	
Untersberg	1663	0	0	0	24	62	86	99	92	63	34	4	0	464	
Jenner-Bergst.	1800	0	0	0	15	56	81	95	86	64	34	4	0	435	
Watzmannhaus	1923	0	0	0	0	55	79	94	87	64	35	0	0	414	

Tab. 7: Mittlere Monats- und Jahressummen der potentiellen Evapotranspiration in mm

[1] Periode 1881-1930

Station	Höhe (m)	Jan	Feb	Mär	Apr	Mai	Jun	Jul	Aug	Sep	Okt	Nov	Dez	Jahr	
Reichenhall	468	110	104	94	107	147	181	208	170	133	107	93	93	1547	
Jettenberg	500	111	115	96	116	154	197	228	193	138	109	95	92	1644	
Schellenberg	540	121	113	114	133	170	208	268	209	154	136	106	108	1840	
Berchtesgaden	542	100	100	88	103	136	180	219	182	127	106	85	88	1514	
Ristfeucht	550	123	127	105	127	170	217	252	212	152	120	105	101	1811	
Ilsank	590	110	112	106	110	143	182	228	188	136	110	99	97	1621	
Salettalpe	602	112	112	106	117	153	199	249	201	146	120	105	98	1718	
Königssee	605	104	104	96	106	138	180	222	183	130	107	90	92	1552	
Weißbach	611	136	130	120	131	164	202	238	191	150	125	111	115	1813	
Hallthurm	693	108	108	103	126	163	202	237	196	146	119	100	92	1700	
Fischunkelalm	720	122	122	115	128	168	220	274	222	160	132	111	109	1883	
Hintersee	804	114	110	106	122	161	218	269	216	156	130	108	100	1810;	1750[1]
Loipl	830	126	133	123	131	165	207	249	209	155	120	110	110	1838;	1751[1]
Lindenhäusl	850	102	106	94	109	147	188	218	186	132	106	91	86	1565	
Schwarzbachwacht	893	120	126	116	134	178	232	269	229	162	135	109	106	1916;	1873[1]
Obersalzberg	971	103	103	96	109	148	182	232	202	132	106	87	90	1590;	1500[2]; 1589[4]
Söldenköpfl	972	124	126	119	124	160	204	257	212	153	124	111	109	1823	
Wimbachgrieshütte	1327	136	136	129	142	186	242	303	244	178	146	127	119	2088	
Sagereckeralm[1]	1364	113	92	109	174	194	294	327	283	214	144	111	125	2180	
Priesbergalpe[2]	1438	92	97	111	122	174	186	251	233	168	148	88	87	1756;	1848[3]; 1855[4]
Reiteralpe	1500	142	146	130	153	204	266	318	264	188	153	128	122	2214	
Traunsteiner Hütte	1560	147	149	131	155	207	270	324	266	192	155	133	124	2253;	2086[2]; 2156[3]
Predigtstuhl[2]	1585	100	124	124	126	155	190	217	223	164	149	87	102	1760	
Funtenseehütte[1]	1638	114	92	110	176	196	297	330	286	216	145	112	126	2200	
Stahlhaus[2]	1740	83	94	101	94	166	204	273	262	166	146	87	77	1753	
Purtschellerhaus[3]	1770	187	165	217	221	274	255	325	261	231	226	272	187	2819	
Watzmannhaus[4]	1923	111	94	112	104	155	212	270	274	159	90	103	79	1765	
Riemannhaus[1]	2133	130	110	125	200	223	338	375	326	245	165	127	142	2506	

Tab. 8: Mittlere Monats- und Jahressummen des Niederschlags in mm

[1] Periode 1901–25
[2] Periode 1934–41
[3] Periode 1939–44
[4] Periode 1948–52

Station	Höhe (m)		Zahl der Tage mit Schneedecke										Schneedeckenzeit			Andauer
			Sep	Okt	Nov	Dez	Jan	Feb	Mär	Apr	Mai	Jun	Winter	Beginn	Ende	
Reichenhall	468	Max.	.	3	12	31	31	29	29	7	1	.	109	8.10.	1.3.	194 Max.
		Mittel	.	0	4	15	23	19	12	2	0	.	75	18.11.	4.4.	138 Mittel
		Min.	.	.	.	4	7	3	.	.	.	.	40	23.12.	8.5.	96 Min.
Schellenberg	540	Max.	.	6	24	31	31	29	31	8	2	.	136	7.10.	15.3.	213 Max.
		Mittel	.	1	7	21	27	26	19	3	0	.	104	9.11.	15.4.	158 Mittel
		Min.	.	.	.	11	8	14	1	.	.	.	60	21.12.	11.5.	126 Min.
Berchtesgaden	542	Max.	.	6	23	31	31	29	31	14	2	.	131	7.10.	18.3.	214 Max.
		Mittel	.	1	6	21	28	26	17	3	0	.	104	12.11.	15.4.	155 Mittel
		Min.	.	.	.	11	11	13	1	.	.	.	71	20.12.	11.5.	121 Min.
Melleck	550	Max.	.	6	23	31	31	29	31	19	3	.	163	7.10.	18.3.	214 Max.
		Mittel	.	1	8	25	30	27	23	5	0	.	119	8.11.	16.4.	160 Mittel
		Min.	.	.	.	11	18	13	6	.	.	.	77	21.12.	11.5.	122 Min
Ilsank	590	Max.	.	7	24	31	31	29	31	17	2	.	156	3.10.	18.3.	214 Max.
		Mittel	.	1	7	24	30	27	23	4	0	.	116	10.11.	16.4.	158 Mittel
		Min.	.	.	.	11	11	15	4	.	.	.	71	21.12.	11.5.	121 Min.
Weißbach	611	Max.	.	8	24	31	31	29	31	19	3	1	152	7.10.	18.3.	225 Max.
		Mittel	.	2	9	25	30	27	22	6	0	0	120	7.11.	21.4.	166 Mittel
		Min.	.	.	.	12	21	14	4	.	.	.	84	20.12.	9.6.	122 Min.
Hallthurm	694	Max.	.	11	24	31	31	29	31	13	2	.	135	3.10.	18.3.	211 Max.
		Mittel	.	2	8	21	27	24	19	5	0	.	106	9.11.	18.4.	161 Mittel
		Min.	.	.	.	11	18	11	3	.	.	.	70	21.12.	11.5.	119 Min.
Hintersee	804	Max.	.	12	25	31	31	29	31	17	3	2	163	3.10.	26.3.	234 Max.
		Mittel	.	3	11	25	30	27	23	7	1	0	126	31.10.	28.4.	180 Mittel
		Min.	.	.	.	11	19	17	6	.	.	.	93	1.12.	9.6.	144 Min.
Schwarzbachwacht	893	Max.	1	18	30	31	31	29	31	30	4	1	181	30.9.	10.4.	235 Max.
		Mittel	0	4	14	27	31	28	29	15	1	0	149	29.10.	4.5.	188 Mittel
		Min.	.	.	.	11	27	26	16	1	.	.	115	3.12.	9.6.	148 Min.
Obersalzberg	960	Max.	1	13	25	31	31	29	31	22	5	1	170	17.9.	7.4.	235 Max.
		Mittel	0	3	11	26	30	28	24	10	1	0	134	23.10.	6.5.	196 Mittel
		Min.	.	.	1	11	25	20	8	2	.	.	102	30.11.	9.6.	150 Min.
Jenner-Mittelst.[1]	1220	Max.	x	x	x	31	31	29	31	30	x	x	(152)			
		Mittel	x	x	x	16	27	28	28	21	x	x	(141)			
		Min.	x	x	x	6	11	28	14	9	x	x	(68)			
Traunsteiner Hütte[1]	1560	Max.	3	23	30	31	31	29	31	30	31	x	(239)			
		Mittel	0	6	19	30	31	28	31	30	19	x	(194)			
		Min.	.	.	3	24	31	28	31	30	x	x	(147)			

Tab. 9: Mittlere und extreme Zahl der Tage mit Schneedeckenhöhe ≥ 0 cm für Monate und Winterzeitraum sowie mittlere und extreme Daten der Schneedeckenzeit

[1] für Schneedeckenhöhe ≥ 1 cm

Station	Höhe (m)		Sep	Okt	Nov	Dez	Jan	Feb	Mär	Apr	Mai
Reichenhall	468	Max. Mittel Min.	. . .	25 7 0	16 10 .	32 12 1	38 20 3	65 28 3	42 20 .	29 10 .	2 2 .
Schellenberg	540	Max. Mittel Min.	. . .	8 4 .	19 9 .	27 12 4	47 26 5	64 35 4	60 29 0	46 11 .	4 3 .
Berchtesgaden	542	Max. Mittel Min.	. . .	18 7 .	21 11 .	41 15 3	58 26 4	77 36 5	68 32 3	48 16 .	17 7 .
Melleck	550	Max. Mittel Min.	. . .	6 5 .	30 12 .	44 16 4	59 33 4	83 45 5	82 30 4	39 14 .	4 2 .
Ilsank	590	Max. Mittel Min.	. . .	10 6 .	18 11 .	38 16 5	55 31 10	82 44 6	70 36 5	50 17 .	9 6 .
Weißbach	611	Max. Mittel Min.	. . .	16 8 .	40 16 .	58 22 7	99 43 7	131 58 8	114 41 5	49 16 .	5 3 .
Hallthurm	694	Max. Mittel Min.	. . .	24 12 .	23 14 .	53 17 4	59 29 5	103 42 9	73 35 4	36 14 .	9 6 .
Hintersee	804	Max. Mittel Min.	. . .	17 9 .	24 11 .	39 19 3	46 31 5	69 40 6	74 35 3	54 14 .	12 3 .
Schwarzbachwacht	893	Max. Mittel Min.	1 1 .	24 17 .	36 23 .	64 32 13	83 55 23	167 84 28	174 82 36	123 44 2	19 10 .
Obersalzberg	960	Max. Mittel Min.	2 1 .	27 13 .	40 18 0	49 24 5	90 44 11	98 59 13	95 54 17	28 22 1	20 5 .
Jenner-Mittelst.	1220	Max. Mittel Min.	x x x	x x x	x x x	53 44 30	81 49 26	95 72 30	126 84 21	120 57 16	x x x
Traunsteiner Hütte	1560	Max. Mittel Min.	18 2 .	153 25 .	151 31 .	145 72 24	306 148 50	296 192 91	355 210 63	358 163 52	271 69 .

Tab. 10: Mittlere und extreme monatliche Schneedeckenhöhe in cm

Station	Höhe (m)		Sep	Okt	Nov	Dez	Jan	Feb	Mär	Apr	Mai
Reichenhall	468	Max.	.	1	6	32	38	65	42	6	0
		Mittel	.	0	1	6	15	19	7	1	0
		Min.	.	.	.	0	1	0	.	.	.
Schellenberg	540	Max.	.	1	11	27	47	73	60	12	0
		Mittel	.	0	2	8	23	33	18	1	0
		Min.	.	.	.	2	4	2	0	.	.
Berchtesgaden	542	Max.	.	2	11	41	58	77	68	22	1
		Mittel	.	0	2	10	24	34	18	2	0
		Min.	.	.	.	2	2	2	0	.	.
Melleck	550	Max.	.	1	23	44	59	84	82	25	0
		Mittel	.	0	3	13	31	43	23	2	0
		Min.	.	.	.	2	4	2	1	.	.
Ilsank	590	Max.	.	2	14	38	55	82	70	26	0
		Mittel	.	0	3	12	29	42	26	3	0
		Min.	.	.	.	3	4	4	1	.	.
Weißbach	611	Max.	.	4	20	58	98	131	104	31	1
		Mittel	.	1	5	18	43	56	29	3	0
		Min.	.	.	.	4	7	4	1	.	.
Hallthurm	694	Max.	.	6	18	53	69	103	73	11	0
		Mittel	.	1	4	12	25	36	22	2	0
		Min.	.	.	.	2	5	4	1	.	.
Hintersee	804	Max.	.	6	20	39	46	69	75	31	0
		Mittel	.	1	4	15	29	39	26	3	0
		Min.	.	.	.	2	3	3	1	.	.
Schwarzbachwacht	893	Max.	0	13	32	64	83	167	174	123	2
		Mittel	0	2	10	28	55	84	77	21	0
		Min.	.	.	.	5	21	26	19	0	.
Obersalzberg	960	Max.	0	11	33	49	90	119	95	47	2
		Mittel	0	1	7	20	43	57	42	7	0
		Min.	.	.	0	4	10	10	4	0	.
Jenner-Mittelst.	1220	Max.	x	x	x	53	81	95	126	120	x
		Mittel	x	x	x	8	45	72	82	47	x
		Min.	x	x	x	1/3	9	30	10	5	x
Traunsteiner Hütte	1560	Max.	2	74	151	145	306	296	355	358	271
		Mittel	0	6	24	82	148	192	210	163	55
		Min.	.	.	1	20	50	91	63	52	.

Tab. 11: Mittlere und extreme monatliche Schneehöhe in cm

Station	Höhe (m)		Sep	Okt	Nov	Dez	Jan	Feb	Mär	Apr	Mai
Reichenhall	468	Max.	.	11	35	54	93	162	131	59	2
		Mittel	.	2	10	21	53	56	31	10	0
		Min.	.	.	.	2	16	8	2	.	.
Schellenberg	540	Max.	.	9	43	71	124	175	154	14	5
		Mittel	.	1	12	30	65	66	38	5	1
		Min.	.	.	.	14	18	11	0	.	.
Berchtesgaden	542	Max.	.	17	64	69	140	208	149	42	8
		Mittel	.	3	16	36	73	63	42	42	15
		Min.	.	.	.	12	37	13	2	.	.
Melleck	550	Max.	.	16	128	87	167	226	167	46	11
		Mittel	.	3	26	46	95	82	52	19	2
		Min.	.	.	.	19	22	15	2	.	.
Ilsank	590	Max.	.	26	78	78	143	203	161	31	9
		Mittel	.	4	20	44	78	69	47	17	2
		Min.	.	.	.	18	16	18	3	.	.
Weißbach	611	Max.	.	26	56	80	136	173	162	55	14
		Mittel	.	5	23	48	89	84	55	21	3
		Min.	.	.	.	23	27	15	4	.	.
Hallthurm	694	Max.	.	63	74	92	151	204	165	48	13
		Mittel	.	9	23	42	82	81	58	23	2
		Min.	.	.	.	18	22	22	3	.	.
Hintersee	804	Max.	.	38	95	95	173	185	102	46	13
		Mittel	.	8	29	52	89	72	51	24	2
		Min.	.	.	.	15	21	26	8	1	.
Schwarzbachwacht	893	Max.	1	99	102	116	170	289	204	85	50
		Mittel	0	16	47	78	114	143	86	41	8
		Min.	.	.	.	25	34	48	8	4	.
Obersalzberg	960	Max.	1	74	121	129	222	259	206	70	31
		Mittel	0	14	42	71	118	111	79	38	8
		Min.	.	.	0	32	31	40	16	8	.
Jenner-Mittelst.	1220	Max.	x	x	x	119	294	250	181	193	x
		Mittel	x	x	x	69	118	136	109	84	x
		Min.	x	x	x	39/3	23	30	.	49	x
Traunsteiner Hütte	1560	Max.	28	219	165	278	331	349	351	331	131
		Mittel	3	51	72	149	178	180	172	131	44
		Min.	.	.	.	51	19	61	16	2	.

Tab. 12: Mittlere und extreme Monatssummen der Neuschneehöhen in cm

Mein ganz besonderer Dank gilt Herrn Prof. Dr. A. Baumgartner, der als Inhaber des Lehrstuhls für Bioklimatologie und Angewandte Meteorologie und Vorstand des Institutes für Meteorologie der Forstlichen Forschungsanstalt die vorliegende Arbeit initiierte und wissenschaftlich betreute. Auch die Mitarbeiter des Institutes fanden stets Zeit für meine Probleme, in langen Diskussionen besonders mit Herrn Dipl.-Forstw. G. Gietl entstand manche Anregung zu dieser Arbeit.

Die Ausführungen der Zeichnungen besorgte Herr W. Hirner in ebenso gewohnt sorgfältiger Manier wie Frl. Bauer die Fertigstellung des Textes, wofür ich an dieser Stelle meinen Dank ausspreche.